矫友田◎著

ERSHI
SI
JIEQI

中国元素

# 二十四节气

山东城市出版传媒集团·济南出版社

**图书在版编目(CIP)数据**

二十四节气 / 矫友田著. —济南：济南出版社，2018.6（2020.4重印）
ISBN 978-7-5488-3265-2

Ⅰ.①二… Ⅱ.①矫… Ⅲ.①二十四节气—青少年读
物 Ⅳ.①P462-49

中国版本图书馆CIP数据核字（2018）第127855号

| | |
|---|---|
| **出 版 人** | 崔　刚 |
| **责任编辑** | 苗静娴 |
| **封面设计** | 侯文英 |
| **版式设计** | 谭　正 |

| | |
|---|---|
| **出版发行** | 济南出版社 |
| **地　　址** | 济南市二环南路1号（250002） |
| **经　　销** | 新华书店 |
| **发行热线** | 0531-86131731　86131730　86116641 |
| **编辑热线** | 0531-86131722 |
| **印　　刷** | 济南新先锋彩印有限公司 |
| **版　　次** | 2018年6月第1版 |
| **印　　次** | 2020年4月第2次印刷 |
| **成品尺寸** | 170毫米×240毫米　16开 |
| **印　　张** | 6.75 |
| **字　　数** | 79千 |
| **印　　数** | 6001-7000册 |
| **定　　价** | 27.00元 |

# 目　录

# 第一辑

## 春季的节气

春雨惊春清谷天,夏满芒夏暑相连。

秋处露秋寒霜降,冬雪雪冬小大寒。

这首《二十四节气歌》,想必你一定很熟悉吧。二十四节气是我国传统文化中一笔极其宝贵的财富。它不仅真实地见证了我们中华民族在漫长历史进程中所经历的辉煌与沧桑,也生动地反映出了我们中华民族的生命细节、精神面貌与梦想追求。

在这里,我们将从二十四节气的第一个节气——立春开始,逐一去领略每一个节气的迷人风采。

# 万象更新迎"立春"

萬象更新

《万象更新》 天津杨柳青年画

## ◎春的气息,已在悄然酝酿

每年2月4日前后,太阳到达黄经315度时为立春。本日春气开始降临,是四时开端,所以称作"立春"。

立春,标志着冰河解冻,万物复苏,春回大地,生机四起,万象更新。北国千里冰封、万里雪飘的景象快要结束了，我们将脱离冬的蛰伏、沉闷与压抑，从各种微小的迹象里面已能感觉到春的气息。

《迎春》 剪纸

立春作为节气，在我国历史上很早就已经出现了。战国后期成书的《吕氏春秋》里面，就已经有了立春这个节气的名称。

自秦代以来，我国就一直以立春作为春季的开始。元代吴澄的《月令七十二候集解》和清代曹仁虎的《七十二候考》等书籍记载，我国古代将立春后的十五天分为三候：一候东风解冻，天气以刮东风为主，气温有所回升；二候蛰虫始振，在冬季蛰伏的昆虫逐渐开始苏醒，并蠢蠢欲动；三候鱼陟负冰，江河湖面上的冰开始融化，鱼从较为温暖的深水区开始上浮，在水面上随着破碎的冰片游动。

立春，是生机与吉祥的象征，是"万象更新"的开始，农家人对这个节气充满暖暖的情意。

## ◎古代迎春活动要祭祀芒神

春至而万物生，因此古人把农事叫作"春事"，农忙叫作"春忙"。

古时，朝廷极为重视立春。在立春日迎春，早在3000多年前的周朝就已经成为一项重要活动，也是历代帝王和庶民都要参加的迎春庆贺礼仪。

迎春活动的主要内容是迎接春神句芒。句芒是我国古代民间神话中的春神、木神，专司草木发芽之职。传说，句芒是伏羲的属神，是西方天帝少昊

年画上的"芒童"

的儿子，名字叫"重"，人面鸟身，四方脸，穿白衣，驾着两条龙。

经过逐渐演变，到了近代，句芒变成了如今我们在年画里看见的牧童形象，头上梳着双髻，手里拿着柳鞭，所以又称"芒童"。

因为他除了掌管粮食的供给，使百姓免于饥饿之外，还掌管金银财富与人的寿命，所以，人们都很崇拜他，向他祈福、祈食、祈财、祈寿。

清代文人顾禄在《清嘉录》一书里面，则记载了一种"拜春"的习俗："立春日为春朝，士庶交相庆贺，谓之'拜春'。撚粉为丸，祀神供先，其仪亚于岁朝，埒于冬至。"这种"拜春"的活动，与元旦的"拜年"相似，也是迎春活动的一种。

## ◎鞭春牛，是一个十分有趣的习俗

立春日另一个重要的活动就是鞭春牛。所谓鞭春牛，即用泥造土牛，于立春日置于东郊的春台上以杖鞭之，象征着农耕开始。鞭春牛又称"打春"，所以后世也把"立春"称为"打春"。

汉代，鞭春牛的风俗已相当流行。立春日清晨，京城百官身着青衣、戴青帽、立青幡，送土牛于城门外，官员执鞭击土牛，以示劝农。这种仪式，逐渐固定下来，并传到了各郡县。

宋代鞭春牛时，四门皆打开，各出土牛，牛身饰彩，鼓乐相迎，照例是首席长官用装饰华丽的"春鞭"鞭打土牛三下，然后交给属吏与农民轮流鞭打，把土牛打得越碎越好。

随后，围观者一拥而上，争抢碎土。这一习俗被称为"抢春"。民间俗信：抢得牛头，大吉大利；抢到牛身上的"肉"，养蚕必丰收；抢到牛角上的土，庄稼必丰收；抢到牛肚子里的粮食，一年五谷丰登，仓满囤流。

《春牛图》年画

明清至民国时期，鞭春牛活动更加趣味盎然。人们用彩纸扎成春牛，并在春牛的肚腹里装满核桃、栗子、枣等干果及五谷。在喧闹的锣鼓、鞭炮声中，官吏手执春鞭鞭打春牛的腹部，牛腹中的干果、五谷顿时撒满一地。围观的民众在欢闹声中，争先恐后地拾捡地上的五谷果品。

除鞭春牛外，立春这天，有些地方的民间艺人也会制作许多小泥牛，送往各家，谓之"送春"。主人要给"送春"者报酬。

此外，民间的木版年画艺人还会创作各种各样的"春牛图"。印刷之后，由一些商贩手敲着小锣鼓，唱着迎春的赞词，挨家挨户一张张送上，称为"报春"。送"春牛图"，其意在提醒人们，一年之计在于春，要抓紧务农，莫误大好春光。

## ◎你知道立春为何要贴春帖吗?

春帖，又称"宜春帖""春书"等，是立春日贴在房屋内的装饰物，类似于春联。

框对

迄今所知，关于春帖最早的文字记载，见于西晋傅咸所撰的《燕赋》一文。当时，人们用彩帛剪成燕形，来赞美春天。后人把剪成的燕形当作首饰，戴在头上，并贴"宜春"二字。唐代，则张贴于门。

随着时间的推移，春帖也由最初的贴"宜春"字演化为"斗方""春条""框对"等多种形式。

斗方亦称"斗斤"，用正方形纸斜放竖立，尖角向四边放，书写字样。可写单字如"春""福""满"等。春条是单条书写的吉语，如"恭贺新禧""抬头见喜""龙马精神""吉庆有余"等，多贴于房门或墙壁上，呈长条状。贴于大门左右柱或壁上的叫作框对，分为上联和下联，其格式与一般对联相同。

在春帖的多种形式中，最具文采的是框对。我国民间在立春日张贴的框对，多为一些固定格式的赞颂语，与春节时张贴的春联类同。

到了北宋，朝廷对立春日贴春帖的习俗极为重视，甚至要求当时的翰林学士写帖子词进献。在官府的倡导之下，立春日贴春帖、作春帖词风行一时。

清代，此习俗仍很流行。不仅立春要作春帖词，端午和中秋等节日也要作帖子，而且还有专门悬挂的地方。

立春日贴春帖，其实表达了人们对新的一年万象更新的期盼，以及对吉祥安康的强烈渴望。到了近现代，贴春帖的习俗逐渐被春节贴春联的习俗给同化了。

## ◎"咬春"，就是在立春之日吃美食

旧时，在立春这一天，全国各地均有吃春盘、吃春饼、吃春卷、嚼萝卜的风俗,称为"咬春"。在立春这天把生菜、果品、饼、糖等放在盘中,取迎春之意,这种盘称为"春盘"。春盘中的饼即春饼。春饼开始时是放在春盘里的,后来发展为单独的春饼。

吃春盘的习俗,源于北朝大臣李谔。他于立春

春卷

日把萝卜、芹菜作为盘菜赠给邻里亲友,江淮一带效以为俗。《荆楚岁时记》即载有当时立春日"啖春饼、生菜"的习俗。清人富察敦崇撰写的《燕京岁时记》记载:"是日富家多食春饼……"人们将生菜切细,以春饼卷着食用。节前,市肆即插标供买,为春盘中必备之物。饼的馅料因时因地而异,到清代也有改用炒菜做馅的。

立春日吃春卷,取"春到人间一卷之"的意趣。春卷起源于宋代,是一种流行于全国城乡的民间小吃。其做法是用面粉摊成圆形薄面皮,卷春菜、鲜肉糜,或其他调料配制的馅,用油炸成,具有皮薄、色黄、香脆、质嫩、味鲜等特点。

我国北方,立春日盛行吃萝卜,据说可以解春困。《城北集》诗注在提及老北京的风俗时说:"立春后竞食生萝,名曰'咬春',半夜中街市犹有卖者,高呼曰'赛过脆梨'。"那时候再穷的人家,也要买个萝卜给孩子咬咬春。

现在,随着节俗及饮食文化的变化,人们在立春这天多吃面条和水饺,故而民间才广泛流传着"迎春饺子打春面"的俗谚。

# 草木萌动"雨水"到

## ◎雨水时节，万物萌动

雨水是二十四节气中的第二个节气。每年2月19日前后，太阳到达黄经330度时为雨水。雨水的含义是冬季降雪改为春季降雨，雨量渐增，越冬作物开始返青，需要雨水。

《月令七十二候集解》记载："正月中，天一生水。春始属木，然生木者必水也，故立春后继之雨水。且东风既解冻，则散而为雨矣。"意思是说，在雨水节气后，万物开始萌动，春天就要到了。

雨水期间，冰河由南至北逐渐融化，河里的鱼浮出水面活动；大部分地区气温一般可升至0摄氏度以上，草木萌动；大雁向北迁徙；杏花、望春花相继开放。

鸿雁归来

我国古代将雨水后的十五天分为三候：一候獭祭鱼，即水獭开始下水捕鱼；二候鸿雁来，随着气温的回升，大雁开始从南方迁徙到北方；三候草木萌动，即大地上的百草树木开始发芽新生。

关于雨水节气,我国民间流传着很多谚语,其中大部分都与农事有关。如"立春渐渐暖,雨水送肥忙""雨水有雨庄稼好,大麦小麦粒粒饱""七九八九雨水节,种田老汉不能歇""麦子洗洗脸,一垄添一碗"等等。

## ◎弘扬孝道,是雨水节气的主要习俗

自古以来,我国就是一个提倡孝道的国家。尤其是在古代社会,孝道甚至被视为一个人的立世之本。在雨水节气,有不少习俗就是专门用来弘扬孝道的。

《回娘家》

雨水节回娘家,是流行于川西一带汉族的习俗。到了雨水时节,出嫁的女儿纷纷带上礼物回娘家拜望父母。礼品通常是两把藤椅,上面缠着一丈二尺长的红带,这称为"接寿",意思是祝父母长命百岁。此外,还有一种必备的礼品即"罐罐肉"。所谓"罐罐肉",就是用砂锅炖猪蹄、黄豆、海带之类,再用红纸、红绳封住罐口,代表对辛辛苦苦将自己养育成人的父母表示感谢和敬意。

如果同来的有新婚女婿,岳父岳母则要回赠雨伞,让女婿出门奔波,能遮风挡雨,也有祝愿女婿人生旅途顺利平安的寓意。

久不怀孕的妇女,则由母亲为其缝制一条红裤子,穿到贴身处。据说,这样可以使其尽快怀孕生子。

旧时雨水这天，在我国部分地区，民间还有"认干亲"的习俗。这一习俗在四川西部地区尤为流行，民间俗称"拉保保"。"保保"，即干爹干妈之意。之所以在雨水之际认干亲，是取"雨露滋润易生长"之意。

随着时代的发展，在一些地区，"拉保保"的习俗已逐渐演变成为以民俗活动为主题的商品交易会，比如闻名川西一带的什邡"拉保保"活动等。

# 春雷乍响是"惊蛰"

## ◎春雷响，万物长

　　每年3月5日前后，太阳到达黄经345度时为惊蛰。《月令七十二候集解》对其这样解释："万物出乎震，震为雷，故曰惊蛰，是蛰虫惊而出走矣。"意指春雷乍动，惊醒了蛰伏在土中冬眠的动物。这是古人对自然现象的理解，晋代诗人陶渊明有诗曰：

　　　　仲春遘时雨，始雷发东隅。

　　　　众蛰各潜骇，草木纵横舒。

　　"春雷响，万物长"，惊蛰的雷鸣最引人注意。但实际上，惊醒冬眠动物的并不是春雷，而是天气转暖后日渐升高的气温和地温。这时即使没有雷声，冬眠的动物也会感到暖春已到，于是纷纷醒来，开始新一年的生活。

　　我国古代将惊蛰后的十五天分为三候：一候桃始华，随着气温的回暖，桃花纷纷绽放；二候仓庚鸣，即黄鹂开始鸣叫；三候鹰化为鸠，是指小鹰的喙还不够坚硬，不能捕食小鸟，只能躲在

江南油菜已开花

树林里瞪着眼睛,忍着饥饿,不断鸣叫,就像布谷鸣叫一样。

我国劳动人民自古以来就很重视惊蛰这个节气,把它视为春耕的开始。唐代诗人韦应物的《观田家》写道:"微雨众卉新,一雷惊蛰始。田家几日闲,耕种从此起。"民间还有"惊蛰一犁土,春分地气通"之说。在长期的生产实践中,我国劳动人民还总结出了许多与惊蛰有关的农谚,如"惊蛰春雷响,农夫闲转忙""二月打雷麦成堆""九尽杨花开,春种早安排""九九加一九,耕牛遍地走"等等。这些谚语,无不闪耀着劳动人民智慧的光芒。

## ◎惊蛰驱虫的习俗有哪些?

惊蛰时节,在隐隐的春雷声中,蛰伏已久的百虫纷纷醒来,从泥土或洞穴里爬出来。它们或祸害庄稼,或滋扰人们的生活,令人不胜其烦。尤其是对农民来说,害虫更是砸饭碗的"高危分子",必须清而除之。故而,我国民间才会有"春杀一虫,胜过夏杀一千"之说。因此,惊蛰时节有许多与驱虫有关的习俗。

我国地域辽阔,不同地区的风俗习惯也存在着较大的差异。如鲁东南一带,主妇以炊棍敲锅台,谓之"震虫";以彩纸、秸草或细秸秆串起来悬于堂屋梁上,谓之"串龙尾"。

河南南阳的农家主妇,此日要在门窗、炕沿处插香熏虫,并剪制鸡形图案,贴于

雄鸡驱虫

房中，以避百虫，保护全家安康。

浙江宁波在惊蛰日要过"扫虫节"，农民拿着扫帚到田里举行扫虫的仪式，表示将一切害虫扫除干净。

民间驱除害虫，除了上述习俗之外，还有"化学武器"。所谓"化学武器"，也就是石灰。如湖北恩施、贵州黎平等地区，在惊蛰之日，人们用石灰撒地，画出弓箭形状，指向门外，称为"射虫"。

我国劳动人民对害虫可谓恨之入骨，恨不能饮其血，食其肉。因此，在惊蛰之日，各地均有"吃虫"的习俗。当然，这里的吃虫，与今天农家宴上所见的油炸蝎子、蚂蚱等特色菜不同。人们在惊蛰之日所吃的"虫"，并非真虫子，而是一些常见的食材。人们将这一习俗称为"吃虫"，只不过是为了表达对害虫的憎恨罢了。

陕西、甘肃、江苏等省份，人们把黄豆、芝麻等放在锅里炒熟，然后，男女老少争相抢食，意为人畜无病无灾，庄稼不生害虫。在山东的一些地区，农民在惊蛰日要在庭院之中生火炉烙煎饼，意为烟熏火燎烧死害虫。在山西的雁北地区，农民在惊蛰日要吃梨，意为与害虫别离。闽西长汀民间，人们在惊蛰日煮芋头吃，以芋头象征"毛虫"，以吃芋头寓意驱除百虫。陕西凤翔煮食元宵，称为"蛟蝎子"。江苏沛县将炒黄豆加糖给小孩子吃，以免蝎蜇，俗称"吃蝎子爪"。

这些以吃为主的除虫方式，也可以被认为是惊蛰节气的特殊食俗吧！

## ◎你知道雷公、电母的来历吗?

一年之计在于春，惊蛰的到来意味着春耕的开始。而在春天，庄稼生长需要更多的水分，但春天降雨很少，容易出现旱情，因此，那些面朝黄土背朝天的农人为了祈求风调雨顺、五谷丰登，便把与庄稼收成好坏息息相关的雷公供奉为惊蛰的节气神。过去每逢惊蛰日，家家户户都要贴上雷神的神祃，摆上供品，或者去庙里上香祭拜。

打雷这种自然现象，在远古的人们看来是非常神秘的。每逢乌云密布、雷声轰鸣，人们便被想象中的神灵震慑住了，而且闪电有时候会引发火灾，甚至很多生命因此消逝。在雷电的面前，人类感到自己是那么不堪一击，所以，发自内心地崇拜这位从未谋面的神灵。雷神就这样诞生了。

雷神作为九天之神，地位崇高。先秦时期，雷神的形象还没有固定化。《山海经》中说雷神居住在一个叫雷泽的地方，是半人半兽的形象，身子是龙形，而头则是人的样子。

雷公塑像

晋朝干宝的《搜神记》中对于雷神的形象说得极为细致，说雷公的头看起来像只猴子，身形则有畜生的样子，身上的毛有三寸长，眼睛像铜镜，嘴唇红得好似血染。

唐朝人认为雷神长着猪头，而身体则像传说中麒麟的样子。还有人把雷神看成一只怪鸟，认为它身材瘦小，长着一双翅膀，还有一张鸟喙。

到了明清时期，雷神的形象才固定下来。雷公像个力士，袒胸露背，插着双翅，头上有三只眼睛，脸

雷公电母神祃

像只猴子,嘴却是一张鸟喙,脚像鹰爪,手持粗大的鼓棒,一副威风八面的样子。雷公的这一形象,一直流传到今天。

再后来,百姓或许是受到美满情结的影响,逐渐将闪电的职责从雷神的身上分离开来,想象出了一位与雷神形影相随的大神,即"电母"。

人们在惊蛰日祭祀雷公,其实表达了对风调雨顺好年景的浓浓渴盼。

# 阴阳相半为"春分"

## ◎杨柳青青,莺飞草长

春分,古时又称"日中""日夜分",时间是在每年3月21日前后,太阳到达黄经0度时。此日,南北半球昼夜平分,且正好是春季九十天之半,故称为"春分"。正如《春秋繁露·阴阳出入上下篇》所说:"春分者,阴阳相半也。故昼夜均而寒暑平。"

在二十四节气里,春分是"四时八节"中的八个基本节气之一。"四时"是指春、夏、秋、冬四季,"八节"则是指立春、春分、立夏、夏至、立秋、秋分、立冬、冬至。

我国古代将春分后的十五天分为三候:一候玄鸟至,春分前后,燕子从南方迁徙到北方;二候雷乃发声,在下雨时,雷声轰鸣;三候始电,下雨时打雷伴着闪电。

春分一到,雨水明显增多,我国南方大部分地区雨水充沛,阳光明媚,气温继续回升。在辽阔的大地上,杨柳青青,莺飞草

《耪地》 农民画

长,小麦拔节,油菜花香,大部分地区冬作物进入春季生长阶段。

春分前后还是植树造林的大好时机,有农谚提醒人们栽树,如"节令到春分,栽树要抓紧""春分栽不妥,再栽难成活"等等。

## ◎春分祭日,是国之大典

日神塑像 石湾陶艺 清代

在古代,春分是祭祀的重要节日。其中,规模最大的祭祀仪式便是祭日。春分祭日,属于国家祭典。清代潘荣陛的《帝京岁时纪胜》记载:"春分祭日,秋分祭月,乃国之大典,士民不得擅祀。"

这一习俗源于华夏先民对日神的崇拜。夏、商、周三代都有祭日的传统。夏尚黑,祭日在日落之后;殷尚白,选在红日当顶时举行;周尚赤,习惯于早晨或黄昏时祭日。

古代帝王的祭日场所大多设在京郊。北京在元朝时就建有日坛,现在朝阳门外的日坛建于明嘉靖九年(1530),坛面用红色琉璃砖砌成,以象征大明神,到清代改为现在所能见到的方砖铺墁。

祭日仪式虽然比不上祭天与祭地仪式的规模之大,但也颇为隆重。明代皇帝祭日时,有"奠

土地神 泥塑

玉帛""礼三献""乐七奏",以及行三跪九拜大礼等程序。清代皇帝祭日礼仪有"迎神""奠玉帛""初献""亚献""终献""答福胙""车馔""送神""送燎"九项程序,也很隆重。

随着历史的变迁,如今的日坛早已告别了敬神祭日的时代。然而,它沧桑的建筑墙体上,仍深深地铭刻着华夏民族对太阳的无限敬仰之情,令每一位走近它的游客感慨万千。

春分也是民间百姓祭祀土地神的日子。在祭祀土地神时,人们主要是供奉牲醴,祈求土地神保佑农业丰收。

到了隋唐时期,此俗又增加了"卜禾稼""种社瓜""祈降雨""饮宴"等内容,活动甚为风行、热烈。这一点,可以从唐代诗人王驾所写的《社日》一诗中窥得一斑:

> 鹅湖山下稻粱肥,豚栅鸡栖半掩扉。
>
> 桑柘影斜春社散,家家扶得醉人归。

随着社会、经济、文化的发展,时至今日,此风俗已渐渐淡薄,并消失了。

# 桃红柳绿最"清明"

## ◎清明时节,春意正浓

在我国传统二十四节气中,唯有清明是以节气兼节日的民俗大节的身份出现的。作为二十四节气之一,清明最初主要为时令的标志,时间为每年4月5日前后,太阳到达黄经15度时。

清明时节,雨量增多,北方大部分地区的百草树木,开始长出新生嫩绿的枝叶,并渐渐萌茂,改变了冬季严寒使大地百草树木枯黄的景象。玉兰花、迎春花等相继开放,接着樱花、桃花、杏花等次第开放。而南方更是桃红、柳绿、梨白、菜黄,多种植物进入展花期。

我国古代将清明后的十五天分为三候:一候桐始华,桐树开始开花;二候田鼠化为鴽,清明节前后农事较忙,人们在田间多见鴽,而看不见田鼠,便误以为鴽是田鼠所化;三候虹始见,下雨时,天空中会出现彩虹。

清明时节,春意正浓,气温升高,

捻种

正是春耕春种的大好时节。故而,在我国民间有"清明时节,麦长三节""清明前后,种瓜点豆"等民谚。

## ◎古人扫墓的习俗有哪些?

扫墓

祭祖扫墓是清明节的一个主要习俗。我国民间曾经流传着这样一句民谚:"三月清明雨纷纷,家家户户上祖坟。"

扫墓是一种慎终追远、敦亲睦族的孝顺行为,起源于春秋时期。到了汉代,随着儒家学说的流行,宗族生活的扩大,时人因现实社会生活的需要,返本追宗观念日益增强,对于祖先魂魄托寄的坟墓愈加重视,上墓祭扫之风也更加盛行。宋代,政府颁布法令,清明节"太学"要放假三天,"武学"要放假一天,以便让师生回家祭祖扫墓。南宋诗人高翥在《清明日对酒》一诗中如此描述当时民间扫墓的情景:

南北山头多墓田,清明祭扫各纷然。

纸灰飞作白胡蝶,泪血染成红杜鹃。

到了明清时期,民间扫墓与郊游已经结合在一起。扫墓这天,哭祭完毕,大家并不急于回去,而是找一个好地方,聚在树下,或坐在草地上,摆开刚才祭墓的酒菜,一顿饱食。人人都喝得醉醺醺的,实在是哀往乐返。

清明祭祖,除扫墓的"坟头祭"外,后来还出现了"祠堂祭",亦称为"庙祭"。庙祭是宗族的共同聚会,有的地方径直称为"清明会"或"吃清明"。

清明扫墓,我们不仅祭祀自己的祖先,还要祭拜历史上为人民立过功、做过好事的人。1949年后,扫墓活动又增添了新内容:清明时节,人们纷纷到烈士陵园扫墓,追念先烈的业绩,寄托哀思,激励壮志。

## ◎清明是踏青游春的好时机

踏青,又称"春游",古时候也叫"探春""寻春"。清明时逢阳春三月,草青树绿,春风春色,温润清新,正是春游的大好时光。很久以前,我国民间便有了清明踏青这个习俗。

清明踏青,最早的源头应该是古人游春的习俗。到了汉代,汉武帝曾在清明节这一天,在曲江边上大宴群臣。待酒足饭饱之后,汉武帝在众臣的簇拥之下,在江边游春赏玩。

唐代诗人杜甫在《清明》一诗里写道:"著处繁花务是日,长沙千人万人出。"由此可见,当时清明节赏花游玩已成为时尚。

宋代,每逢清明节这一天,人们聚亲约友,扶老携幼,乘大好时光到郊外踏青。北宋著名画家张择端的《清明上河图》,则是北宋豪门巨富踏青远足时

《清明上河图》(局部)

的真实写照。画中极其生动地描绘出了以汴京外汴河为中心的热闹景象。

明清时期，有些人也是在扫墓之后接着游春。明人刘侗、于奕正撰写的《帝京景物略》中说：清明来到，"是日簪柳，游高梁桥，曰踏青。多四方客未归者，祭扫日感念出游"。

由于踏青是一项有益身心健康的活动，因此千百年来代代相传，深受民众喜爱。时至今日，踏青活动的规模更大，内容也更加丰富。

## ◎清明植树，绿化家园

清明节前后，春光普照，春雨绵绵，是植树的最好时节。我国历来都非常重视植树造林，《礼记》记载："孟春之月……盛德在木。"早在舜帝时期，便设立了九官之一的"虞官"，这就是我国历史上最早的"林业部长"。

秦始皇统一中国之后，曾下令在道旁植树。隋炀帝在植树造林上也是一名有识之士。大业元年（605），他下令开河挖渠，诏令民间种植柳树，每种活一棵，就赏细绢二尺。到了唐代，民间植树的习俗盛极一时。当时，唐朝政府规定，凡是驿站与驿站之间，都要种上道树。唐朝开元年间，唐玄宗还下令在通衢两旁种上各种树木，以隐蔽行旅。

柳宗元雕像

唐代文学家柳宗元堪称"植树模范"，他尤其喜爱种植柳树。在任柳州刺史时，他带领百姓在柳江西岸大面积种植柳树，还作过一首非常有趣的《种柳戏题》的诗：

柳州柳刺史，种柳柳江边。

谈笑为故事，推移成昔年。

宋太祖赵匡胤登基之后，也大力提倡百姓植树，在河两岸，广种榆树、柳树护堤。他还颁布诏书：凡是垦荒植桑枣者，免除田租；对率领百姓植树有功的官吏，晋升一级。宋太宗在位时期，不光是会种田的人，会种树的人同样可以作为农师。由此可见朝廷对植树的重视。

宋代大文豪苏东坡少年时就喜欢种松树，他在《戏作种松》一诗中咏道：

我昔少年日，种松满东冈。

初移一寸根，琐细如插秧。

苏东坡曾两度出任杭州的地方官，他令人在西湖建筑长堤的同时，在堤坝上种植柳树。他谪居黄州时，筑室东坡，自号"东坡居士"，在房前屋后广种柳树、枣树、栗树、桑树、竹子等，并留下"去年东坡拾瓦砾，自种黄桑三百尺"的诗句。

明清时期，民间植树规模有了更大的发展。明太祖朱元璋推行的一系列振兴社会经济文化的措施中，就有植树造林这一项。

清朝前期，政府也要求地方官员劝谕百姓植树，禁止非时节采伐及盗伐。鸦片战争之后，一批有识之士提倡维新运动，光绪皇帝曾诏谕发展农林事业，兴办农林教育。

1979年2月23日，第五届全国人大常务委员会第六次会议决定，将3月12日定为中国的植树节，以鼓励全国各族人民植树造林，绿化祖国，改善环境，造福子孙后代。

## ◎你知道吃"清明蛋"的寓意吗？

清明节这一天，我国民间的许多地区都有吃"清明蛋"的习俗。

此习俗源于古代的上祀节。人们为了婚育求子，将各种禽蛋，如鸡蛋、鸭蛋、鹅蛋、鸟蛋等煮熟，并涂上各种颜色，称为"五彩蛋"。然后，把五彩蛋投入

蛋雕

二十四节气

河里,让它们顺水冲下,等在下游的人们则纷纷争着捞食,据说食后便可以生育。

由此可见,清明节吃五彩蛋的习俗,寄寓了人们对于生命、生育的敬畏与崇拜之情。在我国传统文化中,鸡蛋是生育与生命的象征。古代典籍《艺文类聚》中就有这样的记载:"天地混沌如鸡子,盘古生其中。"时至今日,我国民间妇女生孩子之后,给亲戚和四邻八舍报喜讯时,送的仍是鸡蛋。

旧时,清明节的煮蛋不仅仅是用来吃,有些人还将它们作为艺术创作的材料。当时,人们进行创作的手法大致为两种:一种是"画蛋",另一种是"雕蛋"。画蛋可吃,而雕蛋是专门用来玩赏的。

画蛋,就是先将鸡蛋煮熟,然后用茜草的汁在上面绘出各种花纹图案。初绘无色,过数日后,颜色就会显现出来。待剥去蛋壳之后,蛋青上就会显示出精美的图案。雕蛋,就是用刀将整个煮熟的蛋镂空,将蛋清和蛋黄依次取出,其雕刻之精细,可谓鬼斧神工。

清明节画蛋、雕蛋的习俗,在清末还有流行,而现在基本上已经消失了。

## ◎荡秋千,一项古老而刺激的游戏

清明时节,人们在踏青之余,还有不少有趣的文体娱乐活动,如荡秋千、拔河、放风筝、打马球、斗鸡等。

早在远古时代,人们为了获得高处的食物,在攀登中创造了荡秋千的活动。后来,齐桓公北征山戎族,把"千秋"带入中原。在汉武帝时期,宫中以"千秋"为祝寿之词,取"千秋万寿"之意。以后为避忌讳,将"千秋"两字倒念成

-24-

"秋千"，这就是今天的名字。古代的秋千多以树的枝丫为架，再拴上彩带做成。后来逐步发展成用两根绳索加上踏板的秋千。

南北朝时期，秋千传到我国的长江流域，荡秋千也发展成为每年清明节前后盛行于大江南北的一种游戏，并世代相沿。

到了唐代，清明节荡秋千的风俗更为流行。据五代王仁裕撰写的《开元天宝遗事》记载：唐玄宗天宝年间，每到清明节这天，皇宫内就会竖起一些秋千，供嫔妃、宫女们游戏。由于她们在秋千上荡来荡去，犹如凌空仙子，因此唐玄宗还为荡秋千取了一个"半仙之戏"的名称。

宋代著名女词人李清照在一首题为《点绛唇·蹴罢秋千》的词里，生动地描写了荡秋千的情景："蹴罢秋千，起来慵整纤纤手。露浓花瘦，薄汗轻衣透。"

后来，或许有些人感觉传统的秋千有点枯燥了，于是开始寻找新的花样。荡秋千的习俗也因此进一步延伸和发展。

宋代出现了"水秋千"，类似现代的跳水运动。据南宋文人吴自牧的《梦粱录》一书记载，不管是在北宋都城汴梁的金明池，还是在南宋都城临安的西湖、钱塘江，都举行过这种杂技表演。

宋代以后，秋千之戏逐渐普及到民间，变成节日中一个狂欢的节目。如山东的一些地区，在清明节前后，老人与孩子一齐出动荡秋千，欢呼为戏。

直到今天，我国民间的许多地方，在清明时节仍保留着荡秋

打秋千

千的习俗,公众娱乐健身场所大都设有"秋千",供人们游玩。

## ◎清明时节,咱们一起放风筝吧

清明前后,春风正盛,是放风筝的最佳季节。风筝也叫"纸鹞""木鸢",在我国已经有两千多年的历史。开始,风筝是作为军事用品而出现的。最早的风筝是用木或竹做成的,因此才会有"木鸢"这个名字。到了汉代,在纸张发明以后,人们就改用纸做风筝,所以风筝又叫"纸鹞""纸鸢"。

大约自唐代以后,风筝才逐渐变成娱乐玩具。五代时期的李邺,曾在宫中以玩纸鸢为游戏,在纸鸢上装上响笛,风一吹,便发出近似古筝的声音。"风筝"的名称,也由此而来。

唐朝和五代时期,玩风筝还只限于王公贵族。直到北宋以后,风筝才成为民间娱乐普遍的玩具。到了清代,风筝的发展达到鼎盛,上至王公贝勒、八旗子弟,下至黎民百姓,都爱玩风筝,风筝的扎、糊、绘、放技艺都得到了极大提高,并且出现了专门制售风筝的艺人;甚至有的风筝已不再作为放飞用,而成为精美珍贵的工艺品。

沙燕风筝

在这一时期,风筝的种类也极为繁多,有龙、金鱼、蝶、蜻蜓、蝉、鹰、鲢、蟹、蜈蚣、七星、八角、花篮、美人、鸿雁等等。

放风筝是一项非常有益的体育健身运动。宋代李石著的《续博物志》中写道:"春回放鸢,引线而上,令小儿张口仰视,可以泄内热。"放飞风筝时,有跑、有停、有张、有驰，手臂、腿部、腰身全部都得到活动，起到了全身锻炼的作用。同时，放风筝须极目放眼，自然对提高视力和注意力都有益处，难怪古人称其"最能清目"。

现在，全国各地每年都要开展大大小小的风筝放飞表演与比赛活动，其中影响最大的要数在山东潍坊举行的"国际风筝节"。

# 雨生百谷是"谷雨"

## ◎种瓜得瓜，种豆得豆

布谷鸟

谷雨是春季的最后一个节气。每年4月20日前后，太阳运行到达黄经30度时为谷雨。所谓谷雨，就是播种谷物、雨水增多的意思。明代王象晋的《群芳谱》中解释："谷雨，谷得雨而生也。"

谷雨连着春天和夏天，因而谷雨虽然仍然有春天"小清新"的气质，但已初具夏天热烈的性格。

宋代诗人范成大的《蝶恋花》，把谷雨时节的暮春景象描绘得栩栩如生：

春涨一篙添水面。芳草鹅儿，绿满微风岸。

画舫夷犹湾百转。横塘塔近依前远。

江国多寒农事晚，村北村南，谷雨才耕遍。

秀麦连冈桑叶贱。看看尝面收新茧。

我国古代将谷雨后的十五天分为三候：一候萍始生，气温回暖，雨水增多，浮萍迎来了生长的旺盛期；二候鸣鸠拂羽，布谷鸟开始鸣叫，提醒人们抓

《谷雨节》 剪纸

紧播种,不要耽误农时;三候为戴胜降于桑,在桑树上可以见到戴胜鸟了。

谷雨前后是农业生产最为繁忙的时节。这一点,民间流传的一些谚语能够生动地体现出来。如"谷雨前后,种瓜种豆,种瓜得瓜,种豆得豆"(流行于华北平原)、"清明早,小满迟,谷雨种棉正当时"(流行于黄淮平原)、"清明下种,谷雨下秧"(流行于长江流域)等等,都说明了谷雨前后,各种农事活动的紧迫性。

这些谚语,至今对当地的农事活动仍有着很重要的指导作用。而"雨生百谷",更说明此节气在农业生产上的重要性。

## ◎古人采取哪些办法驱除"五毒"?

谷雨以后,气温升高,"五毒"开始泛滥,给人们的健康带来威胁。民谣是这样唱的:"谷雨节,天气热,五毒醒,不安宁。"因此,过去人们在谷雨前后要进行一场"除害"运动,即消灭"五毒"。这一习俗,在我国的华北、华东、西北等绝大多数地区曾广泛流行。所谓五毒,是指蝎子、蛇、蜈蚣、蟾蜍、壁虎(一说为蜘蛛)。

虎驱五毒背心　民国时期

驱除五毒的习俗很多,其中最为常见的就是在屋内张贴"五毒符"。人们以红纸印画五种毒物,再用五根针刺于五毒之上,即认为毒物被刺死,再不能横行了。民间还在衣饰上绣制五毒,或在饼上缀五毒图案,均含驱除之意。有的地方的人们还用彩色纸把五毒剪成图像,或贴在门、窗、墙、炕上,或系在儿童的手臂上,以避诸毒。

剪蝎子

在驱除五毒的习俗当中,以禁蝎的内容为最多,形式、内容五花八门,最常见的是张贴"禁蝎帖"。禁蝎帖一般是木版刻印的,也有手工绘制。有的禁蝎帖上面只写咒语,有的则图案、咒语俱全。

山东的禁蝎帖,一般采用黄表纸制作,以朱砂画出禁蝎符,贴于墙壁或蝎穴处。山西灵石、巨城的禁蝎帖上多书写"谷雨三月中,老君下天空。手拿七星剑,单斩蝎子精",或者"谷雨日,谷雨时,口念禁蝎咒。奉请禁蝎神,蝎子一概化灰尘"。陕西同官、米脂、凤翔等地也在墙壁上贴禁蝎帖,词曰:"谷雨三月中,蝎子逞威风。神鸡叼一嘴,毒虫化为水。"在帖子画面的中央,是一只衔虫的雄鸡,爪下还摁着一只大蝎子。

尽管贴禁蝎符驱除毒虫之害,带有强烈的迷信色彩,但从中可看出古人提前做好夏季毒虫病害预防的意识很强。这一预防毒虫之害的行为,还要贯穿于整个高温季节,到了夏季的农历五月初五"端午节",古人还会再来一次浩大的除害运动。

## ◎渔民祭海盼渔丰

谷雨前后不仅是农事的重要时节,还是渔民出海捕捞的好时机。此时,海水变暖,鱼儿经过严冬的蛰伏之后,开始在浅海区域活动。俗话说:"谷雨一到,百鱼上岸。"冬天游往深海和南方海域的对虾、黄鱼、带鱼、青鱼、鲐鱼等,待谷雨一过,又陆续游回黄海、渤海觅食和产卵。

这时鱼群大,鱼儿肥,是捕鱼的黄金季节。每年到了这个时候,渔民为了祈求出海平安、鱼虾满仓,逐渐形成了在谷雨这一天祭海的习俗,因此谷雨节也叫作渔民出海捕鱼的"壮行节"。

祭海用的全猪

时至今日,这一习俗在山东的荣成、海阳、即墨、崂山等沿海地区仍然流行。过去,渔家由鱼行统一管理,海祭活动一般由鱼行组织。祭海准备活动中,最主要的是选"三牲",主要为猪、鱼和鸡。

旧时,沿海的渔村几乎村村都有龙王庙或海神娘娘庙,规模大小不一。

祭龙王源于古人对龙的崇拜。旧时,人们认为江、河、湖、海、井、泉均由龙王管辖。雨水是由龙王布施的,海潮起落也是由龙王主管的。龙王的存在,关系到民生民计。因此,民间各地建有不计其数的龙王庙。农民祈雨,渔民出海,均需祭祀龙王。

海神娘娘,即"妈祖娘娘",亦称"天妃",是我国沿海地区人们崇信的海

《渔丰图》

上保护神。俗信她能够预测天气,拯救海难,指导航海。

谷雨这天,渔民们身着节日盛装,从四面八方涌至龙王庙、海神娘娘庙许愿和还愿。庙堂的庭院里香雾缭绕,人潮涌动,鞭炮震天。有的则将供品抬至海边,敲锣打鼓,燃放鞭炮,面海祭祀,场面十分隆重。

除了热闹非凡的祭祀仪式,还有各种各样的社火与戏曲演出。这时大街小巷,挤满了踩高跷、舞龙、耍狮子的人。戏楼或临时搭建的戏台前,也是人山人海,比过年还要热闹。祭祀完毕,人们还会聚集在某户家中或渔港码头、海边沙滩,大块吃肉,大碗喝酒,尽情畅饮,一醉方休。似乎只有这样,才能保证一年到头事事顺心。

渔民们在痛痛快快地过完"谷雨狂欢节"之后,便可以连续出海捕捞一个多月。可以说,谷雨前后是渔业的黄金收获期。渔业生产者如果能够抓住这个大好时机大干一番,就一定能满载而归。

## ◎ 人们为什么要祭祀仓颉?

过去,在谷雨时节,我国民间的一些地区有祭祀仓颉的习俗。

相传仓颉是黄帝的史官,他长着4只很有灵光的眼睛,遇事冷静,且时常显示出出众的智慧,为人宽厚通达,深得黄帝的赏识。仓颉的功绩是创造了象形文字,使人们结束了刻木结绳记事的蒙昧时代,开辟了中华民族文明史上的一个新纪元。

　　相传，仓颉随猎人外出狩猎时，看到各种野兽的足迹深受启发，便跋山涉水，仔细观察各种事物的特征，依类象形，创造了文字。

　　传说字成之日，举国欢腾，上苍动容，谷子像雨一样"哗哗"地降下来，凶恶的鬼怪们则害怕仓颉造字之后，对他们不利，彻夜哀哭不止。这就是史书上记载的"天雨粟，鬼夜哭"。仓颉被尊为文字始祖，永远为炎黄子孙所敬仰。

　　后人为了纪念仓颉的功绩，在陕西省渭南市白水县城东北修建了仓颉庙。每年谷雨时节，仓颉庙都要举行传统庙会，会期长

仓颉造字画像石拓片　汉代

达七至十天。年复一年，成千上万的人们从四面八方赶到此地，举行隆重热烈的迎仓圣进庙和盛大庄严的祭奠仪式，缅怀和祭祀文字始祖仓颉。


## ◎谷雨时节，莫忘了赏牡丹

　　牡丹是我国特有的一种观赏性花卉，颜色鲜艳，造型丰富多变，有着雍容华贵的气度和端庄秀丽的神韵，素有"百花之王"的美称。

　　在两千多年以前，牡丹就像野草一般，默默无闻地生长在山沟或路旁，当地人把它们当作柴草，留下它的根用来做药。我国最早的药物学著作《神农本草经》里已有丹皮的记载。到了汉代，丹皮已是一种为医者所珍视的药物了。到了唐代，牡丹已作为人们喜爱的名花，在民间和宫廷普遍栽培了。唐

代的著名诗人白居易在《买花》一诗中写道："帝城春欲暮,喧喧车马度。共道牡丹时,相随买花去。"可见当时人们栽牡丹、买牡丹的盛况。

谷雨前后是牡丹花开的重要时段,因此,牡丹花也被称为"谷雨花"。

谷雨赏牡丹之风,始于大唐,而盛极于宋。唐代,长安赏牡丹的活动最为兴盛。唐人李肇撰写的《国史补》里有记载:"长安贵游尚牡丹,三十余年,每春暮,车马若狂,以不就观为耻。人种以求利,一本有值数万者。"

富贵牡丹

二十四节气

在我国民间一直流传着这样一种说法:某年隆冬,武则天要游上苑,下令百花连夜开放。碍于武则天的强势,百花几乎全开了,而唯独牡丹不开。武则天恼羞成怒,将牡丹花贬到洛阳。

到了北宋,洛阳大量栽种牡丹,成了全国牡丹栽培的中心。到了明清两代,安徽的亳县和山东的曹州成了牡丹的主要产地。

古人宴赏牡丹,有"花会""万花会""牡丹会"等美称。谷雨时节,约集亲友,进行共赏牡丹的聚宴,既有益身心,又能增进情谊,实乃人生一大乐事。时至今日,人们仍然沿袭着谷雨时节赏牡丹的习俗。

不过,大概因为气候逐渐变暖的缘故,牡丹往往等不到谷雨就盛开了。如今,菏泽牡丹会不得不根据花期而改变时间,彭州牡丹花会也在每年3月下旬或4月上旬就开幕了。

第二辑

# 夏季的节气

# 万物繁茂谓"立夏"

## ◎辞别春天，迎接一场夏日的盛宴

　　姹紫嫣红、芬芳四溢的春天在我们还未做好告别的准备时，经南风轻轻一吹，便悄悄远去了。而孟夏四月，则在如雨的落花中来到人间。此时，大地的色彩转为深绿，绿树浓荫，草木繁茂，气温越来越高。在这如锦的天地里，禽鸟鱼虫格外活跃。这一切，就像南宋诗人陆游在《立夏》一诗中所描述的：

　　　　赤帜插城扉，东君整驾归。

　　　　泥新巢燕闹，花尽蜜蜂稀。

　　　　槐柳阴初密，帘栊暑尚微。

　　　　日斜汤沐罢，熟练试单衣。

　　立夏是夏季的第一个节气，每年5月5日前后，太阳到达黄经45度时为立夏。这个节气，在战国末期就已经被确立了。《月令七十二候集解》中记载："立，建始也，夏，假也，物至此时皆假大也。"意思是说立夏是季节转换的节气，标志着夏天的开始。

　　我国古代将立夏后的十五天分为三候：一候蝼蛄鸣，即蝼蛄鸣叫；二候蚯蚓出，因地温逐渐升高，蚯蚓开始从土壤里钻到地面上来；三候

蝼蛄

王瓜生,王瓜开始开花,生块根。

夏天虽然不如春秋两季凉爽惬意,却是庄稼迅速生长的季节。没有炎热的夏天与"锄禾日当午,汗滴禾下土"的付出,就没有秋天的收获。

## ◎你知道悬秤称人习俗的来历吗?

万物茂盛的夏天

旧时,我国南方,如江苏、浙江、上海、湖南、江西等地,流传着立夏"称人"的习俗。古语云:"立夏称人轻重数,秤悬梁上笑喧闹。"

这一风俗的由来相传与孟获和刘禅有关:孟获被诸葛亮七擒七纵后,诚心诚意归顺了蜀国,对诸葛亮言听计从。后来,诸葛亮在临终前嘱托孟获每年要去看望蜀主一次。当时正好是立夏。

诸葛亮去世后,孟获每年立夏都要到蜀国拜望蜀主刘禅。许多年后,晋武帝司马炎灭掉蜀国,掳走刘禅,并把他软禁在洛阳。而孟获不忘诸葛亮的嘱托,每年立夏都要统领大军去洛阳看望刘禅。每次看望刘禅时,孟获都要把刘禅放在秤上称一称他的体重,验证他有没有被司马炎亏待。他扬言:如果司马炎亏待刘禅,他就带兵反晋。司马炎不希望孟获造反添乱子,就只好在这件事上迁就孟获。每年立夏这天,司马炎就命人用糯米加豌豆煮成糯米饭给刘禅吃。又糯又香的糯米饭,让刘禅胃口大开,每次都吃下很多。因此,孟获每年立夏称人,刘禅都会比去年重几斤。这样一来,刘禅虽然懦弱无能,但因为有孟获撑腰,晋武帝也不敢过于欺侮他,日子倒也过得清净安乐。

当然,这只是后人的一种附会,与史实存在着很大的差异。但广大百姓

莲花宝宝

却喜欢把内心淳朴而美好的祈愿寄寓在这个传说当中：希望自己也像刘禅一样，通过立夏称人之举而赢得好运。于是，这一习俗在民间迅速流传开来。民间俗信，在这一天称了体重之后，就不怕夏季炎热，不会消瘦，否则会有病灾缠身。

立夏称人有很多讲究。第一，秤锤不能向内移，只能向外移，意即只能加重，不能减轻。第二，秤的斤数若是"九"，就必须再加上一斤，因为"九"是尽头数，不吉利。体重增加了，叫"发福"；体重减了，则称为"消肉"。

在浙江湖州，给儿童称重时必须在其口袋里放一块石头，一是增加重量，二是取长寿之意。

在给孩童称重的时候，司秤人一面打秤花，一面说些吉利话，如"秤花一打二十三，小官人长大会出山；七品县官勿犯难，三公九卿也好攀"等。

立夏称人并非儿童的专利，大人们也会踊跃参加，尤以老年人居多。而不甘落寞的妇女们，纷纷选择在室内称重。在称重时，泼辣的女子会抢着上秤，腼腆的姑娘则含羞不语，一时之间，你推我让，笑语纷飞，称人俨然变成了一种有趣的闺房游戏。对此，清代诗人蔡云曾写过一首题为《吴觎》的诗：

风开绣阁扬罗衣，认是秋千戏却非。

为挂量才上官秤，评量燕瘦与环肥。

除了上述风俗之外，各地还有许多其他的习俗与禁忌。如在安徽、江苏的一些地区，女儿出嫁后的第一个立夏日必须回娘家，称"住夏"。在安徽和州，女儿要一直住到五月初四，端午才返回婆家，并要带粽子等礼品到婆家，分赠给亲友邻里。此俗，或有利于出嫁女早生早育。

在江苏吴县（今江苏苏州境内），立夏日不能穿厚衣，必须穿纱衣；不能坐门槛，否则易患"疰夏"。在安徽宁国，人们也不能在立夏日坐门槛，否则会一年精神不振。在杭州，养蚕之家这天不能开门，亲戚邻居都不能随意入内，也不能高声说话，等等。

这些古老的风俗，浸染着初夏的味道，其恒久的温度和斑斓的色彩，永远留在我们的记忆里。立夏之后，大地将悄悄遁去春的稚嫩，而接着走来的，是一场夏天的盛宴。

# 小得盈满是"小满"

## ◎夏收作物在做生命最后的酝酿

小麦正在灌浆

每年5月21日前后,太阳到达黄经60度时为小满。在二十四节气中,小满是一个充满禅意的节气。

"小满"一词,在我国南方和北方有着不同的含义。在北方,"满"是指夏熟作物籽粒的饱满程度。《月令七十二候集解》曰:"四月中,小满者,物至于此小得盈满。"意思是说,在小满时节,大麦、冬小麦等夏收作物已经灌浆结果,但尚未成熟,所以叫"小满"。而在南方,"满"则是指雨水的丰盈程度。

古往今来,吟诵小满的诗词层出不穷,如宋代文学家欧阳修在《归田园四时乐春夏二首》其二中写道:

南风原头吹百草,草木丛深茅舍小。

麦穗初齐稚子娇,桑叶正肥蚕食饱。

老翁但喜岁年熟,饷妇安知时节好。

野棠梨密啼晚莺,海石榴红啭山鸟。

古人命名"小满"时，更多的是表达一种收获在即的喜悦。这一时节，广阔的大地上，麦穗正在由青转黄，用不了多长时间，金色的麦浪将会伴随着阳光，在无垠的天空下欢愉地曼舞，麦香四溢。我国北方民间很早就流传着"麦怕四月风，风后一场空""小满不满，麦有一险"等农谚。

苦菜

我国古代将小满后的十五天分为三候：一候苦菜秀，在小满时节，苦菜已经生长得非常繁茂了；二候靡草死，在强烈阳光的照晒下，靡草开始枯死；三候麦秋至，小麦结出了沉甸甸的穗子，即将收获了。

## ◎蚕神传说充满了神秘色彩

我国古代农耕文化是以"男耕女织"为典型。女织的原料北方以棉花为主，而南方则以蚕丝为主。蚕丝需靠养蚕结茧抽丝得来，所以我国南方农村养蚕极为兴盛，尤其是江浙一带。

小满时节，蚕茧结成，正待采摘缫丝。宋代诗人邵定写过一首题为《缫车》的诗，描述了当时养蚕缫丝的情景："缫作缫作急急作，东家煮茧玉满镬，西家捲丝雪满籰。汝家蚕迟犹未箔，小满已过枣花落。夏叶食多银瓮薄，待得女缫渠已着。懒妇儿，听禽言，一步落人后，百步输人先。秋风寒，衣衫单。"

蚕是娇养的"宠物"，很难养活，古人把蚕视作天物。相传小满为蚕神诞辰。我国民间所祀的蚕神，有几种不同的说法。其中，最普遍的有两种：一是

春蚕勝意

《马头娘》 年画 清代

嫘祖，一是马头娘。

嫘祖民间又称为"嫘祖娘娘"，相传她是黄帝的正妃。宋人刘恕撰写的《通鉴外纪》记载："西陵氏之女嫘祖，为黄帝元妃，始教民育蚕，治丝茧以供衣服，后世祀为先蚕。"所谓"先蚕"，是指最先教民育蚕治丝之神，故嫘祖又叫"先蚕"，亦称"蚕母"。历代国家祀典中的蚕神，就是这位"始教民育蚕，治丝茧以供衣服"的嫘祖女神。

另一位蚕神是马头娘。相传黄帝打败九黎之后，庆功会上蚕神前来献丝。这位蚕神披着马皮飘然而降，手里捧着两束蚕丝，一束金色，一束白色，献给了黄帝。从此，细软的丝绢代替了粗硬的麻布。这位身披马皮的仙女，就是蚕神马头娘。马头娘的传说十分有趣，在《搜神记》《太平广记》等古籍中都有记载：

从前，有一个姑娘的父亲被强盗掳走，女儿在家里思念父亲，不吃不喝。母亲见了很心疼，就对邻里立下誓约："哪位能把我老伴救回来，我就把女儿嫁给他。"姑娘家中的那匹骏马听到此言之后飞奔出家门，数日后，驮着老父回来。母女无比高兴。

此后，骏马悲鸣不已，不

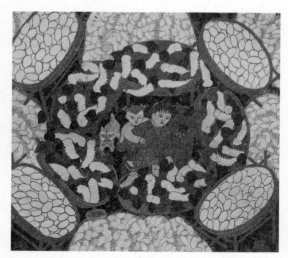

养蚕

肯饮食。父亲不解其意,母亲便将誓众之言相告。父亲听了之后,勃然大怒,说:"哪有让女儿嫁畜类的道理!"于是,他将那匹马杀死,并把马皮晾晒在院中。有一天,姑娘从马皮旁边经过时,那张马皮蹶然而起,卷女飞去,最终停在了桑树间。少女化为蚕,吐丝成茧。从此,民间视其为蚕神,多祀之以祈茧事丰收。

旧时,在我国养蚕业发达的地区,几乎户户蚕农家中都设有马头娘的神祃和塑像。

小满之日,江南的蚕丝之乡都要隆重举行祭祀蚕神的活动。养蚕人家纷纷到当地的蚕神庙、蚕娘庙祭拜。他们恭敬地为蚕神供上水果、美酒和丰盛的菜肴,尤其是要把用面粉蒸制的"面茧"插在用稻草扎制的稻草山上,以示蚕茧丰收。小满前后三天,由丝业行会出资,筵请各路戏班登台唱大戏。

蚕农们在小满时节举行祭祀蚕神的活动,除了表达对蚕神的崇高敬意之外,更是为了祈求养蚕能够有个丰硕的收成!

# 夏收大忙数"芒种"

## ◎"三夏"大忙入高潮

小满过后,古人在为节气命名的时候,显然有意回避了"大满"的说法。因为我们的先人深知"日中则昃,月满则亏"的道理。因此便告诫人们"小满"可以,不能"大满"。在小满之后的节气被定名为"芒种"。

每年6月6日前后,太阳到达黄经75度时为芒种。《月令七十二候集解》云:"五月节,谓有芒之种谷可稼种矣。"意思是说到了芒种,大麦、小麦等农作物已经成熟,迎来了收获的季节,晚谷、黍、稷等夏播作物也迎来了播种最忙的时节。所以,芒种也称为"忙种",是一年中农事最为繁忙的一个时节。

我国古代将芒种后的十五天分为三候:一候螳螂生,小螳螂在芒种时节破卵而出;二候䴗始鸣,喜阴的伯劳鸟开始在枝头鸣叫;三候反舌无声,反舌鸟与春夏喜欢鸣叫的众鸟非常不同,它一到芒种节气就不鸣叫了。

进入芒种时节,我国绝大部分地区的农业生产全面进入夏收、夏种、夏管的

抢收小麦

"三夏"大忙高潮。农谚有云，"春争日，夏争时""芒种栽薯重十斤，夏至栽薯光根根""种豆不怕早，麦后有雨赶快搞"。

## ◎送花神，一个古老而浪漫的习俗

旧时，在芒种这一天，我国民间流传着"送花神"的习俗。所谓"送花神"，就是祭祀花神，饯送其退位。

送花神的习俗，与每年农历二月的"花朝节"是相对应的。花朝节迎花神，芒种送花神，一迎一送，古人用仪式化的程序，强化了人类与大自然的关联。花是上天赐予人间的最为美好的精灵之一。从古至今人们对花情有独钟，在文学作品中，在画作中，花都占有举足轻重的地位。在生活中，花更是不可缺少的。花是美丽的点缀，花是吉祥、美好和富贵的象征。

《百花仙子》 泥塑

自古以来，我国民间就认为百花的盛开与凋零都是神灵主宰的。而主宰者，一定是一位年轻俊美的女子。

在我国古代传说中，最早的花神是女夷。女夷是传说中掌控着春天万物生长的神。《淮南子》中说，女夷唱起歌来的时候，就是万物生长的时候。

传说中还有另一位花神叫花姑，她本姓黄，名灵微，是一位女道士。因为常年修炼，在老年的时候，她的样子还和少女一般。花姑平生虔诚地仰慕魏夫人，曾经去魏夫人的住地和庙宇拜谒，并且将她的庙宇重新翻修了一遍。这件事情很快就被魏夫人知道了。于是，在花姑睡觉时，魏夫人显灵潜入她

花神庙

的梦中,教授她成仙的修道之法,花姑从此便成了"花仙"。旧时,花神庙里供奉的花神就是花姑。

今天,我们在一些民俗旅游景点所见的花神庙里,供奉的多为"十二月花神"。关于十二月花神有很多种说法,这里列举其中一种,他们分别是:梅花之神柳梦梅、杏花之神杨玉环、桃花之神杨延昭、蔷薇之神张丽华、石榴之神钟馗,荷花之神西施,凤仙之神石崇、桂花之神绿珠、菊花之神陶渊明、芙蓉之神谢素秋、山茶之神白乐天和蜡梅之神佘太君。

在古代,人们认为,芒种已过,百花开始凋零,花神开始退位。在我国民间曾流传着这样一句俗语:"芒种蝶仔讨无食。"就是说,由于芒种已经过了花开时期,所以蝴蝶已经没有花粉可采了。故而,民间多在芒种日举行祭祀花神的仪式,饯送花神归位,同时表达对花神的感激之情,盼望来年再次相会。

而今,人们与自然、与植物,已经越来越缺乏默契和沟通了。迎送花神的习俗,也早已为喧嚣的红尘所湮没。

# 日长之至到"夏至"

## ◎吃过夏至面,一天短一线

夏至是二十四节气中的第十个节气。每年6月21日前后,太阳到达黄经90度时为夏至。这个节气,早在春秋时代就已经确立了。这天,太阳直射北回归线,是北半球一年中白昼最长、夜晚最短的一天。

所谓"至",就是极的意思。《恪遵宪度抄本》对夏至名称的由来做过记载:"日北至,日长之至,日影短至,故曰夏至。"等过了夏至以后,太阳直射位置将会向南移动,白昼时间逐渐变短。故而,民间素有"吃过夏至面,一天短一线"的说法。

我国古代将夏至后的十五天分为三候:一候鹿角解,到了夏至时,鹿角开始脱落;二候蝉始鸣,炎热的夏天到来,蝉开始鸣叫;三候半夏生,喜阴植物半夏开始生长繁茂。

夏至后,全国普遍进入炎热的季节。此时气温高,日照、降水充足,是农作物快速生长的大好时机。旧时,生产力比较落后,农民多是靠天吃饭。因此,农民总是小心谨慎地度日,

夏日蝉鸣

《运肥》 剪纸

生怕得罪了上天,有损当年的收成。所以他们从这天起,不许说别人的坏话,也不剃头。清顾禄的《清嘉录》中写道:"夏至日为交时,曰头时、二时、末时,谓之三时。居人慎起居,禁诅咒,戒剃头,多所忌讳。"

## ◎国家祭土地,百姓祭祖宗

夏至,古时又称为"夏节""夏至节",是一个备受重视的节日,古人对其重视程度不亚于今天我们对端午、中秋等传统节日的重视。

不过,相较于冬至的隆重来说,夏至的礼俗比较简单。或许因为夏天正是农忙的时节吧,不像冬天里人们无事可做,可以全神贯注地贺节。但在古代,在夏至日有一个国家祭祀大典——祭地。

所谓祭地,就是祭祀土地神。现在,土地神通常被唤作"土地爷""土地公公"等,是一位职位较低的神祇。而在早先时候,他却是一位地位很高的大神,又称"社神"。人们对土地神非常崇敬,君王将社神奉为"后

土地爷神像

新面蒸制的花馍

土皇地祇"。这位神灵，只有国家才能祭祀。

夏至祭祀土地神的习俗在周代就已经出现了。西汉末期，当政者按阴阳方位在长安城北郊建起了祭地之坛。此后虽历代礼制不同，有时天地分祀，有时天地合祀，但均在都城建有祭地之坛。

民间祭祀土地神，多在土地庙、田间等地进行。祭祀供品以面食为主，因为夏至时节正值小麦收获，用新小麦做成面食供奉，亦有让土地神尝新之意，一来表达对今年丰收的感谢，二来祈求来年再获丰收。

除了祭祀土地神之外，旧时在夏至这天，我国民间大部分地区还有祭祖的习俗。每逢夏至，不论贵族还是平民，都要在家中或在祠堂祭祀，主要祭品也是用刚收获的麦子做成的各种食品，具有让祖先尝新，兼报农务平安的寓意。

在旱灾频发的北方，在夏至时节还流行求雨。人们通过各种仪式祈求风调雨顺。但是，如果雨水过多，为了让晴天到来，人们又利用巫术止雨，如民间剪纸中的"扫天婆"就是用来祈求止雨的。在挂"扫天婆"的时候，口中还要不断地唱道："扫天婆，快快扫，扫尽乌云出太阳，收下黄豆打豆腐，收下稻谷吃白饭，你我都享福！"据说由独女剪制，并由其携挂的"扫天婆"更为灵验。

随着时代的发展，许多习俗早已从我们的身边消失了，只有夏至食面的习俗沿袭了下来，夏至节也变成了一个追求面食文化的节日。不过，

《扫天婆》 剪纸

在一些农村地区,夏至这天,人们在煮好新面之后,仍不忘捞一碗,双手端着对着庭院祭奠一番,以此表达对天地以及祖先的感念。

## ◎夏至为什么要吃面?

古时,夏至是一个备受人们重视的节气,在食俗方面,就像端午吃粽子,中秋吃月饼一样,也有自己的代表性食俗——夏至面,自古以来我国民间就有"冬至饺子夏至面"的说法。

那么,夏至为什么要吃面呢?此习俗的由来,应该有以下几个:一是夏至时节,正是新麦丰收之际,古人纷纷以面食敬神敬祖,从而形成了吃面的习俗,此时吃面还有尝新与庆祝丰收的意思;二是民间用面条的细长比拟夏至白昼的时间长,正如人们在过生日时也吃面一样,为的是取一个好彩头。

吃夏至面,以老北京最为讲究。每年一到夏至节气,家家必食面条,即使在这天举行生日宴会或有什么婚丧之事、祭祀宴请,也均是吃面条。正如清人潘荣陛在《帝京岁时纪胜》中记载的:"是日,家家俱食冷淘面,即俗说过水面是也。"当然,也有一些人家喜爱在酷热的夏至时节吃热面,俗称"锅挑儿",据说有"辟恶"之意。

除吃面条之外,在夏至这天,全国各地还有诸多的食俗。如在南京的风俗中,在夏至这天,大人要叫小孩骑坐于门槛上吃豌豆糕以防百病。夏日天气太热,人们多不思饮食,让小孩先吃豌豆糕是为了开胃。

山东部分地区,夏至日有煮新麦粒吃的习俗。儿童们用麦秸编一个精致的小笊篱,从汤水中捞着吃,这样,不仅吃到了麦粒,而且还是一种很有生活情趣的游戏。

由于我国幅员辽阔,民族众多,饮食习惯也存在着较大的差异,故而夏至的食俗也是丰富多彩的,这里就不再一一列举了。

# 地煮天蒸进"小暑"

## ◎小暑,伴随热浪而来的节气

烈日之下,河塘里的荷花热情地盛开着;一阵微风拂过,静止的柳条轻轻地摇曳了几下。伴随着一阵阵热浪,又一个节气降临了,那就是小暑。

每年7月7日前后,太阳到达黄经105度时为小暑。《月令七十二候集解》云:"暑,热也,就热之中分为大小,月初为小,月中为大,今则热气犹小也。"

可见,小暑是反映天气炎热程度的节气,小暑为小热,还不十分热。紧接着的大暑就是一年中最热的季节,民间有"大暑小暑,上蒸下煮"之说。

我国古代将小暑后的十五天分为三候:一候温风至,至是极的意思,到了此时,温热之风到达极致;二候蟋蟀居宇,蟋蟀开始躲在阴凉的墙角避暑;三候鹰始鸷,老鹰因地面温度太高而在清凉的高空中活动。

《凉亭消夏图》 仇英 明代

## ◎你知道"三伏"的由来吗?

节至小暑,也就进入了我们常说的"三伏"。三伏,亦称"伏日""伏天""庚伏",是一年当中最热的时节。人们常说,冷在"三九",热在"三伏"。

那么,你知道"三伏"为什么特别热吗?这是因为立夏以后,太阳向北移来,北半球白昼一天比一天长,到了夏至,大地积累了大量的太阳辐射。夏至之后,北半球虽然白昼一天天短下去,但仍比黑夜长,加之大地热量散发,温度便开始升高了。对人体来说,空气流通小就发"闷",空气温度高就觉得热。因为温度高、空气流通小,皮肤毛孔蒸发散热的能力相应减低,所以从体感温度来讲,"三伏"的气温是最高不过了。

那么,"三伏"是由何而来的呢?这就需要从我国古代的历法说起。在古代,我国流行"干支纪日法",用10个天干(甲、乙、丙、丁、戊、己、庚、辛、壬、癸)与12个地支(子、丑、寅、卯、辰、巳、午、未、申、酉、戌、亥)相配而成的60组不同的名称来记日子,循环使用。每逢有庚字的日子叫庚日,如庚子、庚寅、庚辰……因为天干其数为10,所以庚日每10天重复一次。夏至以后的第三个庚日、第四个庚日分别为初伏(头伏)和中伏(二伏)的开始日期,立秋以后的第一个庚日为末伏(三伏)的第一天。一般头伏10天,中伏10天或者20天,末伏10天,合称"三伏"。

而一年365天,不是10的整倍数,所以每年庚日的日期都不相同,因此每年入伏的日期亦不相同。比如2016年初伏日是7月17日,中伏日是7月27日,末伏日是8月16日;2017年的初伏日是7月12日,中伏日是7月22日,末伏日是8月11日;2018年的初伏日是7月17日,中伏日是7月27日,末伏日是8月16日。

既然庚日是"三伏"的标志,为何不直接称为"三庚"呢?原来在古人的观念里,庚是金,金畏火,在夏天火气正旺盛的时候,金(庚)只好伏藏起来,一直要到秋天,金气才逐渐壮大而取代火气。

今天,我们降温防暑的方式有很多。但在古代,由于受社会条件的限制,人们只能采取一些"土办法"防暑。扇子,是古代防暑的必备工具。在盛夏之时,家家户户都要准备一些扇子。有钱的人家常用绢帛扇,文人雅士则喜欢折扇,而普通百姓更钟情于朴实耐用的蒲扇。因此,每每临近盛夏,民间的市井街巷,总能见到许多出售蒲扇的商贩。

蒲扇

旧时,在"三伏"期内,官府要给官吏例外的酒食费,还允许其提前下班。朝廷的官员除了放假在家养生之外,皇帝还要为下臣颁冰,以解暑气。

农民虽然也有歇伏之说,但"三伏"时节,正是秋收作物的重要生长期,田里的杂草需要锄掉,庄稼上的害虫需要防治等等,田间地头的营生真是不少,农民哪有闲情歇伏呢?故而,古代的诗人才会发出"锄禾日当午,汗滴禾下土。谁知盘中餐,粒粒皆辛苦"的感慨。

# 酷热至极谓“大暑”

## ◎大暑，让你深切体会酷热的滋味

《松荫消夏图》 俞榕 清代

大暑是传统二十四节气中的第十二个节气。每年7月23日前后，太阳到达黄经120度时为大暑。

大暑节气，正值“三伏”中的“中伏”。一般晴天的日子，人似在火堆旁，火烧火燎的；遇雨过转晴，又似坐闷罐内，更加难熬，动辄汗流浃背、挥汗如雨。

长江沿岸的“三大火炉”——南京、武汉和重庆，在大暑前后也是“炉火”最旺的时候。其实，比“三大火炉”更热的地方还有很多，如安徽安庆、江西九江、重庆万县等。当然，最热的“火炉”，要属新疆的“火焰山”——吐鲁番。大暑前后，吐鲁番下午的气温常在40摄氏度以上。曾旅居新疆的清代诗人萧雄在他的《西疆杂述》诗集中写道：“试将面饼贴之砖壁，少顷烙熟，烈日可畏。”由此可见，“火焰山”的美称的确名不虚传。

我国古代将大暑后的十五天分为三候：一候腐草为萤，每年一到大暑时节，萤火虫就会在腐草丛里出现，古人误认为萤火虫是由腐草化生的；二候土润溽暑，天气变得闷热，土地变得潮湿；三候大雨时行，即指时常有大雨降临。

闷热的盛夏令人喜欢一直泡在水里

## ◎消暑纳凉，咱们一起去赏荷花吧

大暑所在的农历六月，正是荷花盛开的时节。此时，无论是在河塘里，还是湖泊处，经常能够遇见荷花的丽影。那一片片荷叶展绿叠翠，浑圆宽阔。荷叶丛中，一枝枝亭亭玉立的荷花嫩蕊凝珠，盈盈欲滴。

亭亭玉立的荷花

我国民间认为农历六月二十四日是荷花仙子的生日，因此六月也被称为"荷月"。很早以前，我国民间就已经有了大暑时节赏荷的习俗。

南朝诗人徐勉在大暑纳凉赏荷时，即兴写了一首《晚夏》诗：

夏景厌房栊，促席玩花丛。

荷阴斜合翠，莲影对分红。

此时避炎热，清樽独未空。

诗人在夏夜纳凉，从房中来到花丛里，席地而卧，欣赏着水中荷花，还

荷花仙子塑像

有美酒相伴，该是多么惬意啊!

旧时，我国民间的许多地区都有盛夏赏荷的习俗。北京、天津、杭州、南京、苏州、济南等，都是著名的观荷之地。

李根源撰写的《吴郡西山访古记》中，记载了大暑时节苏州人观荷纳凉的情景:"荷花荡在葑门之外，每年六月二十四日，游人最盛，画舫云集，露帏则千花竞笑，举袂则乳云出峡，挥扇则星流月映，闻歌则雷滚涛趋，苏人游冶之盛，至是而极矣。"北京什刹海的荷花开得也很繁盛，夏季游人络绎不绝。有的地方六月二十四日为"观莲节"，女子采了莲花送给情人，就如同以莲子相赠，表达绵绵情意。浙江嘉兴民间在六月二十四日要举行"赏花会"，人们乘游船畅游南湖，观荷消暑。在四川盐源，六月二十四为"观莲节"，人们多沿袭古俗以莲子相互馈赠。

大暑时节，在赏荷消夏的同时，长辈通常会以出淤泥而不染的莲花为榜样，对孩子们进行谆谆教诲，使其从小懂得做人的品德，寓教于乐，消暑与教子两不误，不愧为盛夏的一大雅俗。

# 秋季的节气

# 稻花田里话"立秋"

## ◎初秋,携着一丝清凉走来

阳光仍然炽热,栖在枝头上的秋蝉在撕心裂肺地鸣叫着;时而拂过的一缕缕凉风,带来丝丝快感,秋天来了。

每年8月8日前后,太阳到达黄经135度时为立秋。立秋,不仅预示着炎热的夏天即将过去,秋天即将来临,也表示草木开始结果孕子,收获的季节到了。对此,古历书上写得很清楚:"斗指西南,维为立秋,阴意出地,始杀万物,按秋训示,谷熟也。"

"秋后一伏热死人",立秋前后我国大部分地区气温仍然较高,因此自古就有"秋老虎"之说。这种炎热的气候往往要延续到9月的中下旬,此后,天气才能真正地凉爽起来。

我国古代将立秋后的十五天分为三候:一候凉风至,到了立秋,天气开始慢慢凉爽起来,风也渐渐散去暑气,带来一丝清凉;二候白露降,早晚的温差开

《丰收曲》 剪纸

始变大，早晨空气中的水分凝结成雾气笼罩着大地；三候寒蝉鸣，喜阴的寒蝉开始鸣叫。

## ◎你知道古人怎样"迎秋"吗？

立秋是夏秋之交的重要时刻，是庄稼成熟的收获时节，所以，自古以来人们就很重视这个节气。《礼记·月令》中记载，立秋日的前三天，太史便要谒告天子某日为立秋，天子开始斋戒。到了"立秋"日，天子便亲率三公九卿及诸侯大夫，到西郊九里处设坛迎秋。

迎秋的主要仪式是祭祀白帝少昊和秋神蓐收。白帝少昊，又称"少皞""少皓"等，是远古时代的一位华夏部落联盟首领，也是早期东夷族的首领，被后人尊为五帝之一。秋神蓐收，相传是白帝少昊的辅佐神，也有人说蓐收为白帝之子。他出行时，总是驾乘两条龙，来去如风。

汉代在沿袭此俗的同时，还赋予了其新的含义。在迎秋仪式上，人们要杀牲畜来做祭品，天子要射猎，表示秋来扬武之意。此外，这天还要举行骑士比赛。

宋代在立秋这一天，宫内要把栽在盆里的梧桐树移入殿内，等立秋时辰一到，太史官便高声喊道："秋来了！"奏毕，梧桐树应声落下一两片叶子，以寓报秋。可见，宋代的迎秋仪式已经被移到了宫中。

现在，迎秋的古俗早已从我们的身边消失了。而民间秋社的

舞秧歌迎秋

一些习俗,在其传承的过程中,也多与中元节(七月十五)合并了。不过,在有一些地方,遗留的秋社习俗仍然可以见到,其中较有代表性的有佛山民间的"出秋色"活动。

"秋色"是一种民间工艺品。艺人们选用废纸、腊衣、稻草、瓜果壳、瓜果仁、竹头、木屑等材料,制作各种奇妙逼真的工艺品,如各种花卉、果品、动物等。然后,由表演者或扛或抬,与锣鼓队、舞龙队、舞狮队、高跷队等配合表演,沿城市街头或乡间道路游行,称"出秋色",亦称"秋色赛会""秋色提灯会"。这其实是在立秋时节,为庆祝农业丰收而举行的一种社火游艺活动。

## ◎你也一定有过"咬秋"的经历

秋天是一个收获的季节,较之其他三个季节,食材更加丰富。因此,在立秋时节,我国南北各地均有"咬秋"的习俗。咬秋,亦称"啃秋"。

在北京、天津、河北一带,家家事先买好西瓜,立秋这天的晚饭后围而食之,谓之"咬秋"。据《津门杂记》记载:"立秋之日食瓜,曰咬秋,可免腹泻。"江浙沪等地也流行在立秋这天吃西瓜"咬秋"。

吃西瓜"咬秋"

山东民间除了吃西瓜"咬秋"之外,还有些地区是通过吃饺子的方式"咬秋"。立秋当天,年长之人会在堂屋正中供一只盛满五谷杂粮的碗,上面插上三炷香,祈求"立秋"过后五谷丰登。家家户户在立秋之时剁肉馅包饺子,全家人围在一块"咬秋"。

在杭州一带还流行吃桃"咬秋"，即在立秋时，大人小孩都要吃桃，每人一个，吃完把核留起来，待到除夕这天，把桃核丢进火炉中烧成灰烬。人们认为这样可以使一年不染瘟病。

在台湾，立秋时节正是龙眼的盛产期。人们相信在立秋吃了龙眼肉，子孙会做大官，而且龙眼又称为"福圆"，所以台湾民间有"立秋食福圆，生子生孙中状元"的俗谚。

现在，我们不再刻意去"咬秋"了。但是，不管你有意还是无意，这个习俗在不知不觉中仍然被我们沿袭着。

## ◎三春不抵一秋忙

秋天是丰收的季节，对于农民来说也是异常忙碌的季节。故而，我国民间才会有"三春不抵一秋忙""秋收大忙，割打晒藏""秋收大忙，绣女下床"等农谚；广大农村地区在立秋时节也有许多与农事相关的习俗。

秋忙会，是南北农村地区皆有的立秋习俗。所谓秋忙会，就是于立秋前后举行的市集贸易大会，有的地区还与当地的庙会活动结合起来，因此热闹非凡。秋忙会的主要目的，就是为接下来的秋收准备生产工具。

这一时节，山东、河北的不少地区，还会举办以锻造生产工具为目的"铁匠会"。四村八疃的铁匠师傅们聚集于一市，各自生起炉火，挥舞

秋忙会上的铁匠炉

起大锤,"叮当——叮当——",火星四溅。赶会的农民可以根据自己的意愿,在不同的铁匠摊上选购自己中意的锄、镰、锨、镢。也有些农民会将使用得卷刃,或磨损严重的农具交到铁匠师傅手里进行修理和煎火。

当然,秋忙会上除了农具之外,肯定也少不了牲口、粮食,以及各种生活用品的交易。因此,秋忙会不仅有农具市,还有牲口市、粮食市、布匹市、杂货市等等,一应俱全。

有些地方的秋忙会,还要扎台演大戏,也有耍猴、跑马戏、变魔术等各种杂技表演。到处是赶会看热闹的人,秋忙会宛如年市一般红火。

秋忙开始之后,我国农村的许多地方都有"秋收互助"的习俗。立秋之后,紧张忙碌的秋收近在眼前,家家户户都希望家里能够多一些劳力。旧时,在农村有这样一句谚语:"秋收忙,抢到屯里才是粮。"

是啊,秋天的庄稼虽然日渐成熟,丰收在望,但如果地里的庄稼,尤其是那些种植在涝洼地上的庄稼,倘使还没有收割或晾晒完毕,就算不上丰收。一场意外的秋后暴雨或洪水,就可能把即将丰收的喜悦冲得无影无踪。因而,多一个劳力,就多一分力量,秋日的丰收就多一份保障。

勤劳淳朴的农民总是懂得相互帮助。谁家的庄稼熟得早,大家就会合伙帮谁家收庄稼。就这样,你帮我、我帮你,既不违农时,又能增进邻里之间的感情,可谓一举两得。

# 暑止风凉"处暑"乐

## ◎ 时至处暑,炎热暑气开始消退

  每年8月23日前后,太阳到达黄经150度时为处暑。"处暑"一词,在两千多年前成书的《国语》中就出现了。后来,在西汉淮南王刘安的《淮南子》一书中,"处暑"已被列入二十四节气之中,可见其由来已久。

  在二十四节气中,"处暑"这个名字也较为特别。因其以"暑"为名,所以往往被误认为夏天的节气,殊不知,此时已经入秋。《月令七十二候集解》是这样解释的:"七月中,处,止也,暑气至此而止矣。"也就是说,炎热暑气至此将退隐。每当雨过之后,人们就会感到较明显的降温,昼夜温差加大。对此,民间有"一场秋雨一场寒"之说。不过,"秋老虎"的余威还在,故而民间才会有"处暑处暑,热死老鼠"的谚语。

  我国古代将处暑后的十五天分为三候:一候鹰乃祭鸟,天气转凉,老鹰开始大量捕捉鸟类,并把捕到的猎物摆放在地上,如同陈列祭祀;二候天地始肃,气温开始下降;三候禾乃登,经过一年的辛勤耕耘,农民迎来了丰收的时节。

《秋收忙》 剪纸

## ◎采菱角与吃"处暑鸭"

处暑前后,秋高气爽,河塘里的菱角已经成熟,正是采菱角的好时节。每年此时,在被菱叶层层覆盖的水塘边或湖泊上,总能见到成群结队的采菱人。采菱的主力军为勤劳朴实的农家妇女。她们将一个个或圆或椭圆的菱桶轻轻地放进水里,然后推着菱桶,晃晃悠悠地穿行在菱丛中采菱角。菱桶将碧绿的菱

采菱角

叶划开一道道清凉的水线,浪花翻卷。村妇们总是轻巧地提起菱株,轻轻地摘下菱角。菱桶划过后,菱叶又自然合拢。

那些性情活泼的村妇在采菱的时候会互相说一些玩笑话,或者哼唱一些甜美的民歌。美丽的姑娘们笑语盈盈,荡漾水中,为处暑时节的乡村增添了一道美丽的风景。

处暑鸭

处暑时节,我国民间的一些地区有吃鸭的习俗。据说,处暑吃鸭肉可以防秋燥,保一秋不生病。虽然这种说法有点夸张,不过从营养学的角度来看,由于受暑邪的侵扰,人们在夏秋季节少食短睡,不少人形体

二十四节气

- 64 -

消瘦,因此需要食物进补。秋季进补不宜食用肥腻、燥热之物,而鸭肉最大的特点就是不温不热,清热去火,非常适合在这一时节食用。因此,处暑吃鸭子的习俗便一直流传了下来。

"处暑鸭"有多种吃法,如白切鸭、烤鸭、荷叶鸭、子姜鸭等。而处暑吃鸭子最为讲究的,则是有"鸭都"之称的南京和北京。

在处暑这天,老南京家家户户都要宰一只鸭子炖汤,全家老少食用,以防秋燥伤身。老北京在处暑这天则要吃"百合鸭",就是选用当季的百合、陈皮、蜂蜜、菊花等养肺生津的食材来调制的老鸭。

# 露凝而白"白露"降

## ◎蒹葭苍苍,白露为霜

在二十四节气当中,白露有一个颇具诗情画意的名字。每年9月8日前后,太阳到达黄经165度时为白露。

我国古代历书上记载:"斗指癸为白露,阴气渐重,凌而为露,故名白露。"意思是到了白露时节,天气转凉,清晨空气里的水分都凝结成了白色的露珠,因此称为"白露"。《月令七十二候集解》记载:"水土湿气凝之而为露,秋属金,金色白,白者露之色,而气始寒也。"可见白露是天气转凉的象征。

在我国最古老的诗歌总集《诗经》里,就有最早关于白露的诗歌:"蒹葭苍苍,白露为霜。所谓伊人,在水一方。"

白露后,夏季风逐步被凉爽的秋风所代替。因此,人们爱用"白露秋风夜,一夜凉一夜"的谚语来形容气温下降速度加快的情形。

我国古代将白露后的十五天分为三候:一候鸿雁来,白露之后天气

《收获》 剪纸

明显转凉,大雁成群结队飞往南方,准备过冬;二候玄鸟归,燕子开始南迁,飞到南方去过冬;三候群鸟养羞,鸟儿开始积极觅食,储存食物为过冬做准备。

白露不仅是收获的时节,也是播种的时节。此时,我国从北到南,秋收秋种全面展开。对于农民来说,白露是一个真正的大忙时节。这一点,各地流传的一些谚语也能够反映出来,比如"抢秋抢秋,不抢就丢""白露节,棉花地里不得歇""头白露割谷,过白露打枣""白露谷,寒露豆,花生收在秋分后"等等。

## ◎白露时节为什么要祭禹王?

白露时节,江苏的太湖地区有祭祀禹王的习俗。禹王,就是我国古代传说里的大禹,是与尧、舜齐名的贤圣帝王。

大禹是夏朝的第一位天子,因此后人也称他为"夏禹"。他最卓著的功绩,就是历来被传颂的治理滔天洪水,以及划定中国版图为"九州"(《禹贡》记载为冀州、青州、徐州、兖州、扬州、梁州、豫州、雍州、荆州)。

大禹治水一共花了13年时间,他疏通三江,有效地解决了黄河流域长久以来的洪水之患。昔日被水淹没的山陵露出了峥嵘,荒田变成了粮仓,人民又筑室而居,过上了幸福富足的生活。后人感念他的功绩,为他修庙筑殿,尊他为"禹

大禹塑像

神"。

相传,大禹在治理江淮的水患时,曾将一条兴风作浪的鳌鱼精镇压在太湖底下,从而保障了太湖地区广大百姓的生命财产安全。于是,太湖地区的百姓为了表达对禹王的感激之情,每年都要举办一些盛大的活动来祭祀禹王。

祭祀禹王的活动每年要举行四次,分别是在正月初八、清明、七月初七和白露。其中,清明、白露的春秋两祭规模最大,春祭6天,秋祭7天。祭祀的地点是太湖中央小岛的禹王庙。

祭祀期间,太湖两岸的渔民们争先恐后地赶来上香,并在庙前布置香棚分祭。甚至连苏南、浙北、上海等地的渔民也会赶来参加祭祀。人们把秋冬之际捕捞的第一条肥鱼献给禹王,以期心目中的这位"水路菩萨"能够保佑他们水上平安,渔业丰收。

祭禹王的活动,寄托了人们对美好生活的期盼和向往。

# 秋高气爽是"秋分"

## ◎秋分，溢满果实馨香的节气

秋风渐凉，秋果飘香，又一个节气走来了——秋分。每年9月23日前后，太阳到达黄经180度时为秋分。

秋分像一把剪刀，将秋天分成了两半。汉代董仲舒所著的《春秋繁露》中记载："秋分者，阴阳相半也，故昼夜均而寒暑平。""秋分"的意思有二：一是我国古代以立春、立夏、立秋、立冬为开端划分四季，秋分日居于秋季90天之中，平分了秋季；二是在秋分这天，太阳直射赤道，将昼夜平分。

秋分时节，来自北方的冷空气一次次南下，与逐渐衰减的暖湿空气相遇，产生一次次的降水，气温也一次次地下降。正如人们常说的那样，已经到了"一场秋雨一场寒"的时候。而在东北地区降温早的年份，秋分时节有时会见霜。总体来看，秋分之后，全国绝大部分地区呈现出一片秋高气爽、丹桂飘香的景象。

我国古代将秋分后的十五天分为三候：一候雷始收声，秋分之后，打雷的现象渐少；二候

《耩小麦》　剪纸

蛰虫坏户，天气转冷，昆虫在地下封塞巢穴准备过冬；三候水始涸，随着降水的减少，一些较浅的水洼地甚至干涸了。

据考证，我国很早以前就以秋分作为耕种的标志。汉末崔寔在《四民月令》中写道："凡种大小麦，得白露节，可种薄田；秋分，种中田；后十日，种美田。"正如谚语所云，"秋分麦入土""白露早，寒露迟，秋分种麦正当时""麦种八月土，不种九月墒"等等。

## ◎秋分，我国最早的"祭月节"

秋分曾是我国传统的"祭月节"，在这一天要祭月神。月神又叫"太阴星主""月宫娘娘""月光菩萨"等。

月神崇拜，在我国由来已久，在世界各国也很普遍，这是源于古人信仰中的天体崇拜。古人对月亮的盈缺抱有极大的好奇；月球表面上的不规则黑斑，又诱发出人们的种种幻想。在漫漫长夜里，月亮给人带来了光明，它在夜空中最为明亮，所以又称"大明"，并常与太阳并称。汉字"明"是个会意字，即"日月为明"。月亮以其光明，给人们的生活和生产带来便利，当然就受到人们的喜爱和崇拜。

古时祭祀月神是被列入国家典制的。古代典籍《礼记》中记载："天子春朝日，秋夕月。朝日之朝，夕月之夕。"这里的"夕月之夕"，指的便是夜晚祭祀月

《嫦娥奔月》 面塑

神。

早在周代，祭月的礼仪就已十分完备。周天子命人于北门外建月坛，名曰"夜明"。祭月所用牲和币皆为赤色，所奏之乐则与祭五帝用乐相同，以珪璧礼神。秦汉时期，祭月在皇家礼仪中继续传承。秦时，各地均建有日月祠。秦始皇曾祭日于成山，祭月于莱山。

汉武帝时专设"太乙坛"祭日月，黎明向东方拜日行朝日礼，夜晚向西方拜月行夕月礼。

隋唐直至明清历代，皆沿袭秋分祭月的礼仪。明世宗时期在北京修建了"夕月坛"，专供天子于秋分设坛在夜晚祭祀月神，这就是我们现在所见的北京月坛公园。

随着时间的推移，原先为朝廷及上层贵族所奉行的祭月礼仪，也逐渐流传到民间，并演变成为一种大众化的功利性民俗活动。

与此同时，祭月的时间也发生了变化。由于秋分在农历八月的日子每年不同，不一定都有圆月，而祭月无月，则是大煞风景的事情，所以人们后来就将祭月的时间由秋分日移到了离秋分最近的满月日——中秋。我国民间传说，月神嫦娥常化为月华，遇之者拜求，福禄可得，姻缘美满。因此，民间祭祀月神的习俗非常盛行。

祭月活动在民国期间仍然风行。不过在1949年之后，随着社会形势的变化，这一习俗逐渐消失了。因此，现代我们过中秋节时，大概只知吃月饼而不知祭月了。值得庆幸的是，近几年又重新开始出现了由官方或民间组织的祭月活动。

# 风清露冷"寒露"到

## ◎秋风凉，落叶飞

秋风起，秋意凉，伴随着纷飞的落叶，又一个新的节气降临了，那就是寒露。这个被清凉，抑或是萧瑟气氛笼罩的节气，总会给那些远在异乡的游子带来思乡、怀亲的伤感。在这一时节，唐代诗人柳宗元曾生发过万般感慨：

海畔尖山似剑芒，秋来处处割愁肠。

若为化得身千亿，散向峰头望故乡。

每年10月8日前后，太阳到达黄经195度时为寒露。《月令七十二候集解》说："九月节，露气寒冷，将凝结也。"

寒露时节，露水增多，气温更低，北方已呈白云红叶的深秋景象，有些地区甚至会出现霜冻。青藏高原、东北和新疆北部地区一般已经开始飘雪了。南方也秋意渐浓，蝉噤荷残，人们已开始享受凉爽的秋风。

寒露以后，雨季结束，昼暖夜凉，晴空万里，一派深秋景色。对此，诗人

《金秋》 农民画

王绩曾有诗云："树树皆秋色，山山唯落晖。"杜甫也曾云："玉露凋伤枫树林，巫山巫峡气萧森。"

我国古代将寒露后的十五天分为三候：一候鸿雁来宾，寒露时节，北方天气变冷，候鸟已经迁徙到南方准备过冬；二候雀入大水为蛤，深秋天寒，雀鸟都不见了，古人却发现海边突然出现很多颜色与雀鸟很相似的蛤蜊，便误以为是雀鸟变成的；三候菊有黄花，寒露时节迎来了菊花的花期。

## ◎你知道第一个吃螃蟹的人是谁吗？

"秋风响，蟹脚痒。"在寒露时节，我国民间一些地区有吃螃蟹的习俗。古人诗云："九月团脐十月尖，持螯饮酒菊花天。"民间也有"九雌十雄"之说，就是说，农历九月雌蟹卵满、膏黄丰腴，正是吃母蟹的最佳季节，等农历十月以后，最好吃的则是公蟹。

食蟹，在我国有着十分久远的历史。对此，我国民间还流传过这样一个故事：相传在很久以前，江河湖泊里生长着一种双螯八足的凶恶甲虫。它们不仅偷吃稻谷，还经常用双螯伤人，故被称为"夹人虫"。后来，大禹到江南治水，派壮士巴解督工。"夹人虫"的侵扰严重妨碍了工程的进度。于是，巴解想出一个办法，在城边掘了一条围沟，并灌入沸水。"夹人虫"爬过来之后，纷纷跌入沟里烫死了。烫死的"夹人虫"浑身通红，散发着一缕缕鲜美的香气。巴解好奇地把甲壳掰开，其香更浓。他大胆咬了一口，谁知味道竟

大闸蟹

无比鲜美。从此,令人生畏的"夹人虫"变成了家喻户晓的美食!

当然,这个传说毕竟是后人附会而成的。据史料记载,在西周时期便已经有了吃螃蟹的先例。古代典籍《周礼》中有"荐羞之物"的记载,东汉郑玄解释说:"谓四时所为膳食……若青州之蟹胥……"所谓"蟹胥",就是今天的蟹酱。可见,早在两千多年前,螃蟹已作为美味佳肴出现在我们祖先的餐桌上了。

现在,我国出产的螃蟹品种非常多。常见的海蟹有南北海域的梭子蟹、广东的青蟹、海南岛的和乐蟹等;著名的淡水蟹有阳澄湖大闸蟹、安徽清水大闸蟹、崇明螃蟹等。螃蟹的吃法更是多种多样,有清蒸、醉制、爆炒、炭烤,也有将蟹肉、蟹黄拆下作主料或配料的,较为著名的有蟹黄糕、蟹黄包、芙蓉蟹斗、蟹粉狮子头等等,光听名字便令人口舌生津。

在寒露时节,最讲究吃螃蟹的是老南京。过去,每到此时,南京城里家家户户都要买螃蟹蒸着吃。一家人围坐在饭桌旁,一边品尝着蟹之美味,一边谈笑风生,窗外落叶所带来的丝丝凄凉之感,瞬间便被温馨的气息融化了……

# 叶落秋晚迎"霜降"

## ◎你知道"霜降"的含义吗?

"月落乌啼霜满天,江枫渔火对愁眠。姑苏城外寒山寺,夜半钟声到客船。"唐代诗人张继的这首《枫桥夜泊》,生动地描绘了霜降这个节气的特征。每年10月23日前后,太阳到达黄经210度时为霜降。

"霜降"一词,最早见于先秦的《吕氏春秋》一书。在汉代《淮南子》中,已把"霜降"定为二十四节气之一。《月令七十二候集解》对霜降是这样解释的:"九月中,气肃而凝,露结为霜矣。"霜,是地面的水气遇到寒冷天气凝结而成的,所以霜降不是降霜,而是表示天气寒冷,大地将产生初霜的现象。如农谚所说:"霜见霜降,霜止清明。"

暮秋时节,白霜降临

"霜降始霜"，反映的是黄河流域的气候特征。在这一时节，整个黄河流域已出现白霜，千里沃野上，一片银色的冰晶，熠熠闪光。霜杀百草，各类秋作物结束生长。霜降时节，树叶枯黄掉落，过冬的小虫封严洞口准备过冬。

　　我国古代将霜降后的十五天分为三候：一候豺乃祭兽，每年一到霜降时节，豺捕到野兽后，先陈列出来，似祭拜一番再食用；二候草木黄落，草木经过夏季的繁华，被霜打之后，枯萎落地；三候蛰虫咸俯，随着天气转冷，蛰虫开始进入垂头不食的"昏睡"状态。

## ◎霜降为什么要吃柿子？

　　霜降是庄稼与百果收获的一大节气，食材丰富。因此，全国各地流传着许许多多有趣的食俗。

　　霜降时节，正值柿子成熟，我国有些地方有霜降吃柿子的习俗。比如泉州民间流传着这样的说法："霜降吃了柿，不会流鼻涕。"厦门人俗信，在霜降这天吃了柿子后，脸色就会变得跟红柿子一样红润；还有一种说法是，霜降这天如果不吃柿子，冬天就会嘴唇干裂。黄河以北的不少地区，老百姓会在霜降这天买柿子和苹果吃，有"事事平安"之寓意，商人则会把栗子和柿子放在一起图个"利市"。

　　柿子在霜降前后完全成熟，此时的柿子皮薄、肉多、汁甜，新鲜可口，因此霜降是食用柿子的最佳时节。另外，此时正值深秋，人们容易秋燥，而柿子具有清热去燥、润肺化痰的功效，这才形成了霜降时节吃柿子的习俗。

柿子

福建、台湾的百姓在霜降这一天喜欢吃鸭，认为吃鸭可以除秋燥，保一冬身体平安。广西玉林民间则习惯在霜降这天，早餐吃牛肉炒粉，午餐或晚餐吃牛肉炒萝卜，或是牛腩煲之类来补充能量，祈求在冬天里身体暖和强健。除了鸭肉、牛肉之外，羊肉与兔肉也与霜降时令相宜。

山东有些地区，在霜降这天有吃萝卜的习俗，俗信在霜降这天吃萝卜，可以保一冬不生闷气。河北、河南、山西等地的人们在霜降这天爱吃栗子。据说霜降吃新鲜栗子，能保一年平安健康。

## ◎霜降时节，别忘了赏菊观红叶

霜降时节正是菊花盛开之际，满山遍野的枫树也在秋霜的关照之下，叶子都变成了红色，如火似锦，异常壮观。因此，在霜降时节，我国北方民间的许多地区有赏菊观红叶的习俗。

菊花，在我国民间已有三千年左右的栽培历史。古人给它起了很多好听的名字，如"长寿花""寿客""黄华"等。早在战国时期，诗人屈原便在他的诗篇《离骚》中写下了"朝饮木兰之坠露兮，夕餐秋菊之落英"的诗句。古人还把菊花当作重要的药物来使用，如我国最早的药物学著作《神农百草经》就把菊花列入药物的"上品"，认为常吃菊花可以使人长寿，且能清热解毒。

菊花剪纸

晋代的陶渊明更是爱菊成痴，他写了许多吟咏菊花的诗句，其中流传最广的当属"采菊东篱下，悠然见南山"。

到了唐代，性情浪漫的诗人们又为菊

深秋红叶

花写下了许多出色的诗篇。"暗暗淡淡紫,融融冶冶黄。陶令篱边色,罗含宅里香。"诗人李商隐笔下描述的菊花,真是绚丽多彩。这也说明了当时菊花品种的繁多。

到了宋代,菊花的种类更多,培育菊花的技术也更先进了。那时,民间的花市里已有了"扎菊",还有一年一度的"菊花赛会",用来展览菊花。

有些富贵的人家,还会在家中举办小型的"菊花会"。在霜降前,先培植数百盆各式各样的菊花。在霜降日摆下酒宴,并邀请亲朋好友前来赏菊。在赏菊之前,人们按长幼秩序,鞠躬、作揖拜菊花神,然后喝酒赏菊,赋诗泼墨。这真乃霜降这一节气的一大雅事。

到了现在,我国已有一千多种出色的菊花了。每到霜降前后,全国各地的许多公园和广场,仍会举办"菊花会",吸引着不计其数的游客前去观赏。

观红叶也是霜降时节的一大雅趣。霜降来临,秋风飒飒,霜染红叶。金秋的山峰层林尽染,漫天红叶如霞似锦、如诗如画。在此时节,三五好友相约,游山,赏枫叶,若再携带炉具烹茶品茗,则更助雅兴。

在我国古代诗歌中,有一首描写观赏红叶的杰作,那就是唐代诗人杜牧的《山行》:

远上寒山石径斜,白云生处有人家。

停车坐爱枫林晚,霜叶红于二月花。

这首诗,生动地描绘出了霜降时节红叶漫山的壮丽自然景观。我国幅员辽阔,有许多适合观赏红叶的地方,其中比较著名的有南京的栖霞山、苏州的天平山、北京的香山等。

第四辑

# 冬季的节气

# 天地萧索进"立冬"

## ◎繁华落尽，寒冷的时节已经来临

　　每年11月7日前后，当太阳到达黄经225度时为立冬。我国古代习惯将"立冬"作为冬季的开始。冬，可分为孟冬、仲冬、季冬，即农历的十、十一、十二3个月，统称为"三冬"，3个月90天，故又称为"九冬"。

　　立冬之后，繁华落尽，天地一片萧索，格外清净，呈现出一种简单、凄凉之美。冬，带给人们的整体印象就是寒冷。

　　《月令七十二候集解》对"冬"的解释是："冬，终也，万物收藏也。"从立冬开始，万物凋敝，秋季作物全部收晒完毕，收藏入库；动物经过一年的生长繁衍之后，进入了漫长的休整期，躲藏起来准备冬眠。

　　我国古代将立冬后的十五天分为三候：一候水始冰，气温降到零度以下，水面开始结冰；二候地始冻，土地也开始结冻；三候雉入大水为蜃，天寒地冻，雉鸟蛰伏，而海边却可以看到许

《枯木寒鸦图》（局部）张赐宁 清代

多外壳与雉鸟颜色相似的大蛤,所以古人误认为雉鸟到立冬后变成了大蛤。

## ◎你知道"送寒衣"习俗的来历吗?

旧时,每到立冬时节,全国各地,尤其在北方,人们要糊窗户、砌暖炕、缝棉被、添寒衣,这些都是迎冬的具体表现。特别是寒衣,已成为我国准备过冬的一种象征物。《诗经》里面就有"七月流火,九月授衣"的说法。唐代大诗人李白更是发出了"冻笔新诗懒写,寒炉美酒时温"的感慨。

立冬时节,我国民间还流传着一个与寒衣有关的特殊习俗,即"送寒衣"。立冬之后,天气日趋转冷,人们都忙着准备寒衣保暖。这个繁华消逝的时节总会给人们带来一些莫名的伤感与愁思。外面呼啸的西风,总会让人们不由自主地怀念起那些逝去的亲人。于是,人们想到也要给逝去的亲人准备冬衣,使他们在漫长的冬季中不必受严寒的折磨。送寒衣的时间,被定在农历十月初一,一般为入冬的第一天。因此,农历十月初一也被称为"寒衣节"。

关于送寒衣这一习俗的起源,在我国民间还流传着一个感人肺腑的故事:相传,秦始皇统一中国之后,为了抵御北方匈奴的入侵,下令全国的青年男子去修筑长城。孟姜女的丈夫范杞良也被抓去。孟姜女日夜思夫,寝食不安,想到丈夫旧衣破烂,无法御寒,便亲自替范杞良做寒衣。寒衣做好后,孟姜女亲自背着寒衣,冒着风雪,千里迢迢,历经千辛万苦来到长城脚下。可她万万没料到,她的夫君

《孟姜女哭长城》 面塑

已在一年前累死了。孟姜女禁不住放声大哭。那哭声感天动地，只见天昏地暗，飞沙走石，长城竟被震塌了一大段。塌下来的城墙中，赫然有成堆的白骨。孟姜女找出丈夫的尸骨，用崭新的寒衣包裹起来，痛斥秦始皇的罪行，然后抱着丈夫的尸骨跳进了大海。

千百年来，人们传诵着孟姜女不畏艰险、万里寻夫送寒衣的悲惨故事，并形成了十月一日送寒衣的习俗。

所谓"寒衣"，就是用纸制作的冥衣。不同地区的寒衣也有所不同。比如有的地方用彩纸剪成衣服、鞋帽等形状；有的地方用彩色蜡花纸糊制衣服；还有的地方，则是在做寒衣的纸里加上棉花；也有些地方在送寒衣时，只烧纸钱，意为让亡亲自己在阴间随喜好购买寒衣。

另外，各地送寒衣的时间、地点不一。有些在鸡鸣时，于堂前或门外焚送；有些是在黄昏时祭拜祖墓送寒衣；还有些地方是入夜时在家附近的十字路口焚化包袱，或到坟前烧送。

送寒衣的习俗虽然属于迷信，但却寄托了人们怀念亲人的深厚、淳朴的感情。随着社会文明的进步和丧葬习俗的改革，如今在立冬烧寒衣的习俗已不像过去那样普遍了，但在一些偏远的农村地区仍然存在。

## ◎立冬酿酒祭酒神

我国酿酒历史源远流长，早在殷商时期的甲骨文里就已经有了酒的象形字。至周代，我国的酿酒技术已发展到了相当的水平。《礼记》《周礼》等古代典籍里都记载了酿酒的过程。立冬是周代各地农村共同的酿酒期。此时，五谷已登场，田里农事已完，寒冷的天气即将开始，家家户户都要忙着酿春酒了。

《诗经·七月》里面便有如下诗句："八月剥枣，十月获稻。为此春酒，以介眉寿";"九月肃霜,十月涤场。朋酒斯飨,曰杀羔羊。跻彼公堂,称彼兕觥,万寿无疆"。这些诗句描述了周代农民用枣或稻在十月份酿酒,并在年末用酒祈求长寿的欢乐场面。周代十月酿酒的习惯一直延续到现代,形成了立冬酿酒的习俗。

酿酒

古代,酿酒对民众来说是一件颇为神秘的事情。古人酿酒完全依靠经验传承,稍有一点闪失就会失败。因此,不论是普通人家还是大小酒坊,每年立冬开酿之前,为求能酿出一坛好酒,都会上香摆供品,祭祀酒神杜康。关于酒神杜康的真实身份,我国民间有多种不同的说法。

相传,神农氏尝百草,辨五谷,开始耕地种粮食后,人们过上了安居乐业

的生活。由于土地肥沃,风调雨顺,连年丰收,粮食越积越多。可那时候没有仓库,更没有科学的保管方法,黄帝属下的一名主管粮食的大臣杜康就把丰收的粮食堆在山洞里。时间一长,因山洞里潮湿,粮食全发霉了。黄帝知道这件事后,非常生气,下令把杜康降职。

杜康尽管很难过,但暗下决心,一定要把粮食保管这件事情做好。后来,他在树林里发现一些枯死的大树,有的树干里面已经空

酒神杜康塑像

了。杜康灵机一动，带领众人把那些枯死的大树一一掏空。然后，就把收获的粮食全部装进树洞里，并封存起来。谁知时间一长，装在树洞里的那些粮食，经过风吹、日晒、雨淋，慢慢地发酵了，最终阴差阳错地成了酒。

还有一种说法，认为杜康是东周人，曾做过有虞氏的庖正。今河南汝阳县还有个杜康村，传说是杜康造酒的地方。民间相传，杜康家住在空桑涧，涧旁有棵树干中空的老桑树。杜康经常把吃剩的饭菜倒进树洞里，日久天长，树洞里竟散发出一股浓郁的香气，于是酒便出现了。

当然，我们现在已经知道，酒不是一个人发明的，它应该是集体智慧的产物。立冬祭祀酒神的习俗，实际上寄托了人们对造福子孙的祖先的崇敬之情。

# 乱玉碎琼是"小雪"

## ◎北风吹，雪花飘

　　小雪是二十四节气中的第二十个节气。每年11月22日前后，太阳到达黄经240度时为小雪。小雪，是指降水的形态。《月令七十二候集解》云："十月中，雨下而为寒气所薄，故凝而为雪。小者未盛之辞。"意思是说小雪时节，天气变得寒冷，降水形式由雨转化为雪，但降雪量还不大。由于地面温度还不够低，下的雪落到地面就即刻融化了。

　　每到小雪节气，气温下降，强劲的冷空气使我国北方大部分地区气温逐步达到零摄氏度以下。

　　我国古代将小雪后的十五天分为三候：一候虹藏不见，小雪时节天气已经颇为寒冷，北方以降雪为主，南方虽然下雨，但雨后的彩虹已经销声匿迹了；二候天气上升地气下降，天气寒冷导致天空的阳气上升，地面的阴气下沉，阴阳两气不能融会贯通；三候闭塞而成冬，小雪时节的北方已经封冻。

小雪时节烙煎饼

## ◎你知道寒菜与腊肉是怎么腌制的吗？

忙碌了一秋的人们，经过立冬的休整之后，已深切感受到了严冬的降临。于是，在小雪时节，人们开始着手准备一些经久耐放的食材，以为漫长冬季的生活之需。其中，腌寒菜和制腊肉，便是小雪时节民间常见的两个习俗。

北方地区冬季来临早，一般立冬前后就开始腌寒菜。东北地区多将白菜泡缸发酵，渍成酸菜，然后，做成酸白菜、辣白菜等。"酸菜炖大骨头""猪肉粉条炖酸菜"是东北人在冬天最爱吃的菜。酸菜吃起来不腻，且酸爽开胃，令人百吃不厌。故而，东北民间有"酸菜姓张，越吃越香"之说。

而在江南一带，由于天气冷得比较晚，大都到小雪时才开始腌寒菜。这时节正是萝卜、雪里蕻、青菜长得最好的时候，也是这些蔬菜的旺销时期。自家地里有种的，则直接从地里收回家腌制。南方人腌制寒菜与北方相比，在时间上稍有差异，腌菜的吃法也有所不同。北方腌制的时间长，而南方人在腌制寒菜的时候，需要将其放在晴日下曝晒，七八天后即可食用。在食用时，用滚开水烫，烫上两三次就可以吃了。

小雪腌寒菜的习俗由来已久，据说起源于周代。那时，家家户户都有大菜缸，腌制的菹菜还要撒上姜、屑桂等佐料，美味可口。唐人小说称，金陵士大夫家嚼菹菜，"响动十里"。这多少有点夸张，但也反映出了腌寒菜、食寒菜的习俗在当时已经非常普遍了。

腊肉

现在,由于有了先进的保鲜手段,城镇里腌菜者已不多见。不过,此风俗在一些乡村地区仍然十分盛行。

小雪时节,在我国民间还有腌制腊肉的习俗。那么,人们为什么选择在小雪腌制腊肉呢? 如果天气热,腊肉、酱货很容易变坏发臭。小雪后,气温急剧下降,天气变得干燥,可谓加工腊肉的最佳时期。而且这些东西在做好之后,刚好就到了快过年的时候,可以拿出来当作年货。

腌制腊肉在我国已有两千多年的历史。相传,春秋末期,孔子在教学授徒时,有的学生就是以腊肉来充当学费。

腌制腊肉的用料,除了常用的猪肉之外,还有鸡肉、鸭肉。在腌制的时候,人们用食盐配上花椒、桂皮、丁香等香料,把肉腌在缸里,经过5~7天之后,用粽叶或者绳索串起来,滴干水,再用柏树枝条、甘蔗皮等熏烤,最后挂起来用烟火慢慢熏干,即成为腊肉。加工制作好的腊肉,可以长时间保存。腊肉看起来里外一致,切片煮熟后色泽亮丽,黄里透红,吃起来味道醇香,肥而不腻,风味十分独特。

时至今日,腊肉仍然是我们非常喜爱的美食。因此,小雪腌腊肉的习俗,至今盛而不辍。

# 白雪飞舞"大雪"至

## ◎天寒地冻，大雪纷飞

"已讶衾枕冷，复见窗户明。夜深知雪重，时闻折竹声。"这是唐代诗人白居易为后世留下的一首描写雪夜的佳作。夜深天寒，大雪纷飞，整个世界被厚厚的大雪覆盖了。每年12月7日前后，太阳到达黄经255度时为大雪。

古籍《三礼义宗》这样记载："大雪为节者，行于小雪为大雪。时雪转甚，故以大雪名节。"大雪，是相对于小雪节气而言，意味着降雪的可能性比小雪更大，地面上可能会有积雪出现，气温比小雪更低，但并非降雪量一定大。

我国古代将大雪后的十五天分为三候：一候鹖鴠不鸣，到了大雪时节，寒号鸟都停止了鸣叫；二候虎始交，老虎到了发情的季节，开始交配；三候荔

《瑞雪兆丰年》 年画 清代

挺出,一种叫作荔的兰草破土而出,开始生长。

## ◎赏雪玩冰,为严冬增添无限乐趣

　　每到大雪时节,我国北方经常会是一片大雪纷飞、银装素裹的景象。在万木凋零、寒风凛冽的冬天里,雪给人们带来了无限的喜悦与欢乐。赏雪玩雪,始终是一项人们乐于参与的时令活动。

　　宋代,赏雪就已成为市井生活的一部分,并见于文献记载。如宋代文人吴自牧在《梦粱录》一书中这样写道:"豪贵之家,如天降瑞雪,则开筵饮宴,壕雪狮,堆雪山,以会亲朋,浅斟低唱,倚玉偎香。"

　　下雪对于北方人来说是司空见惯的事情。然而,对于南方人来说,则是极为难遇的景象。尤其是在古代,由于交通不便,有些南方人甚至终生不知雪为何物。如此一来,每遇下雪,人们便会欢欣鼓舞。相传在南宋时期,有

个名叫张约斋的南方文人,为了满足自己赏雪的愿望,每当冬季来临,他便会在厅堂悬挂一些以赏雪为题材的画轴。

　　古代的文人雅士也爱赏玩雪景,在赏玩的同时,他们还会踏雪构思诗章,以抒发自己的情感。相传,唐代大诗人杜甫、孟浩然等,都曾冒着风雪,骑着驴子,晃晃悠悠地徘徊在灞桥上,搜索诗肠。

　　冬日赏雪,对于儿童们来说离不开一个"玩"字。雪地里,儿童可与父

堆雪人

母或伙伴塑雪狮、堆雪山、打雪仗,尽情享受冰雪世界的乐趣。

赏雪固然是一件颇具雅兴的事情,但即使在大雪时节,也不可能天天下雪。因此,无雪的日子流行滑冰、拖冰床等活动,称为"冰嬉"。

早在宋代,冰嬉已成为皇家冬天的娱乐项目。到了清代,皇家还设有专门的冰嬉检阅仪式。慈禧太后曾多次亲临颐和园昆明湖以及"三海"检阅旗兵练习滑冰。清末文人寿逸庵填有《望江南》词百首,追记宫廷见闻。其中有一首就是专门描述慈禧在西海观看旗兵滑冰的:

> 前朝忆,西海阅冰嬉。
>
> 万字回环旗五色,
>
> 成行结队去如飞。
>
> 天下太平时。

旧时,北京人滑冰多在什刹海、后海、积水潭,以及城外的护城河上。早年就是穿木板加铁条的所谓冰鞋。滑冰时不讲究花样技巧,只是凭气力在冰上做长途跋涉,类似长跑。

除了滑冰,拉冰床也是旧时北方民间冬季常见的游艺活动。冰床,又称"凌床""冰爬犁"等,其形制有大有小。拉冰床游戏的最早记载,见于宋人沈括的《梦溪笔谈》。明代,拉冰床游戏更加普及。明人刘若愚的《酌中志·大内规制纪略》中记载:"冬至冰冻,可拖床,以木作上加交床和藁荐,一人在前引

《冰嬉图》(局部)  清代

绳,可拉二三人,行冰上如飞,积雪残云,点缀如画。"

赏雪玩冰,尽管自古以来就是大雪节气习俗的一个组成部分,但普通百姓往往迫于眼前的生计而忽略了这份闲情。

进入大雪时节,白天短,夜间长。旧时,各种手工作坊,如年画坊、染坊、刺绣坊、裁缝铺、豆腐坊等,便利用夜间长的特

拉冰床

点,纷纷开夜工,俗称"夜作"。对此,清代文人顾禄在《清嘉录》中有"百工入夜操作,谓之做夜作"的记载。工作到了深夜,难免会饥饿,所以要吃夜间餐,这就出现了大雪吃"夜作饭"的习俗。

为了适应这种需求,各饮食店、小吃摊也纷纷开设夜市,直至五更才结束,生意十分兴隆。夜作饭大多是馒头、包子、面条、馄饨、油果、茶叶蛋等可充饥的小吃。

一份热气腾腾的夜宵,既能饱腹暖身,又能将因紧张劳作而导致的疲惫赶走,让人们在寒冷的冬夜感受到温暖。冬夜越来越深了,商铺门窗散发出来的微弱而颤动的光芒,在纷纷扬扬的夜雪中,变得越来越迷离……

# 日南至极谓"冬至"

## ◎伴着雪的舞姿，走进数九寒天

日子并不会因为冬季的寒冷而有丝毫的凝止。伴随着雪的舞姿和风的高歌，时光悄无声息地流淌着。是啊，潮涨潮落，日升日潜，仿佛在不经意之间，时节又完成了一个更迭，冬至已来临。

每年12月22日前后，太阳到达黄经270度时为冬至。冬至是二十四节气中最早确定的一个。早在2500多年前的春秋时代，我国已经用土圭观测太阳测定出了这个节气。

所谓冬至，古籍《恪遵宪度抄本》云："日南至，日短之至，日影长至，故曰冬至。"意思是说，到了冬至这天，白昼最短，黑夜最长。但是冬至之后太阳直射地面的位置又开始向北回归，阳气慢慢回升，白昼时间开始增长，因此又有"冬至一阳生"的说法。阴气到冬至时盛极而衰，阳气则从此开始萌芽。可见，冬至起源于我国传统的阴阳观念。对此，唐代诗人杜甫有诗云："天时人事日相催，冬

《瑞雪》 农民画

至阳生春又来。"

我国古代将冬至后的十五天
分为三候:一候蚯蚓结,冬至时节
天气寒冷,地下的蚯蚓缩成了一
团;二候麋角解,冬至之后,麋鹿的
角到了自然脱落的时候;三候水泉
动,在立冬时节,阳气初生,山中夏
水开始流动。

麋鹿

## ◎你知道古代皇帝如何祭天吗?

冬至,俗称"冬节""长至节""亚岁"等,是我国一个非常重要的节气,也
是一个传统节日,至今仍有不少地方有过冬至节的习俗。

古时,冬至曾是我们中国人的"年"。相传,黄帝把冬至日作为岁首,称
为"朔旦";周朝,以冬至所在的十一月为岁首,以冬至日为一年的开始。故
而,在我国民间,至今还有"冬至大似年"的说法。

祭天,就是古代的"郊祀",是帝王为祈求来年平安而在每年冬至时隆重

古代皇帝祭天

举行的祭祀。汉代在继承了周代冬至祭天之制的同时,还把冬至列为节日。到了宋代,冬至祭天已形成了固定的制度。古籍《东京梦华录》《武林旧事》详细记载了北宋、南宋时的祭天仪礼。如《东京梦华录》里记载:北宋皇帝,在冬至前三日便开始准备。先往太庙青城斋宿,冬至前夜三更驾出南郊,往郊坛行礼。皇帝换上古代祭服,戴二十四旒的平天冠,青衮龙服,佩纯玉佩;郊坛高三层,七十二级,坛面方圆三丈许,上设"昊天上帝""太祖皇帝"的牌位。先奏乐,跳文舞、武舞,皇帝在坛上顶礼,三拜九叩,军队、仪仗、百官多达数万。

明清两代的祭天之礼更加盛大。皇帝也是在冬至日于北京南郊之天坛举行祭天大典。清潘荣陛的《帝京岁时纪胜》记载:"长至,南郊大祀。次旦百官进表朝贺,为国大典。"这里的"南郊大祀",就是指冬至日举行的天坛祭天典礼。

1911年辛亥革命爆发,清王朝被推翻之后,冬至祭天的大典也就此废止。此后,天坛渐渐变成了游览之地。

## ◎古代贺冬有哪些习俗?

古代在冬至节这天,我国民间还有贺冬的习俗。贺冬,亦称"拜冬",指人们在冬至这一天相互庆贺祝福,包括臣子对君主的祝贺、弟子对师长的祝贺、幼者对尊长的祝贺。

那么,古人为什么要贺冬呢? 一个原因是自冬至日起,阳气始生,春天即将到了,值得庆贺;另一个原因是在古代,冬至曾被视为"岁首",相当于"新年",过冬至等于"过年",当然应该庆贺。

在古代贺冬的旧俗当中,有晚辈礼拜尊长、献履献袜之举。如《三国志》记载,曹植在冬至日,曾向其父曹操献鞋献袜若干,并专门上表祝贺。对此,曹植还写过一首题为《冬至献袜颂表》的诗:"千载昌期,一阳嘉节,四方交泰,万物昭苏,亚岁迎祥,履长纳庆。"

古人在冬至日为父母敬奉履袜,含有双重寓意:一是古人认为冬至这天是阴冷的极点,也是数九寒天的起点,向长辈敬献鞋袜之物,是为助老人抵御严寒;二是以示足履最长之

旧时,晚辈向长辈拜冬

日影祝福老人健康长寿。因此,在过去,冬至也被称为"履长节"。时至今日,我国北方的一些农村地区还保留着这一古老的良好风俗。

冬至节不仅是一个弘扬孝道的节日,还是一个弘扬尊师重教的节日。旧时,各书院、学院和私塾,特别重视此节。每到冬至节便由学董带头宴请教书先生。首先由先生带领学生拜孔子牌位,然后由学董带领学生拜先生。河北新河的乡塾子弟,在冬至这天,要穿上新衣服,携带着酒脯,去拜老师。在河南洛宁,家塾、私塾冬至日全部放假,祭祀孔子,中午则设宴款待老师。

山西永济民间还将冬至称为"豆腐节"。关于这一称谓的来历,清代编修的《虞乡县志》里是这样说的:"冬至即冬节,各村学校于是日拜献先师。学生备豆腐来献,献毕群饮,称呼为'豆腐节'。"

在晋南民间,冬至节有"尊师节"之称,各村各社宴请老师,生徒向老师馈赠节日食品。晋西北,则习惯用炖羊肉招待教师,其情甚浓。至今,在我国农村的一些偏远地区,仍沿袭着冬至节请教师吃饭的习俗。

## ◎冬至节的食俗,你了解多少?

冬至节的饮食十分讲究,因地域不同,南北方存有差异。

北方民间自古流传着"冬至馄饨夏至面"的俗谚。至少在宋代就有了这种风习。宋陈元靓的《岁时广记》记载:"京师人家,冬至多食馄饨。"

清人潘荣陛撰写的《帝京岁时纪胜》也有记载:"长至,南郊大祀……预日为冬夜,祀祖羹饭之外,以细肉馅包角儿奉献。谚所谓'冬至馄饨夏至面'之遗意也。"

后来,或许,因为饺子个大馅足,更适合作为主食,且饺子还有财源广进的吉祥寓意,因此,今天北方民间在冬至这天多吃饺子。那句广为人知的俗谚,也相应地变成了"冬至饺子夏至面"。

南方大部分地区在冬至这天要吃汤圆。在福建、两广及台湾的部分地区,则有"搓丸"之俗。所谓"搓丸",就是手工制作汤圆。旧时,在冬至节前夜,家家户户都要做红、白两种汤圆。有些地方人们在搓丸之前,还要点烛上香,并燃放鞭炮。"冬至霜,月娘光;柏叶红,丸子捧。"这首流传已久的童谣,所描述的就是人们在冬至前夜做汤圆的情景。

冬至这天,人们将煮熟的汤圆供奉在厅堂、灶台、井头等处,然后全家吃汤圆。冬至吃汤圆,含有家庭吉祥团圆,诸事美满的寓意。

## ◎"数九歌"与"九九消寒图"

冬至过后,各地都进入了一年中最寒冷的阶段,也就是人们常说的"进九"。我国民间有"冷在三九,热在三伏"的说法。

在寒冷而又沉闷的冬季,人们盼望着冬天快快过去,风和日丽、百花盛开的春天早日来临。于是,便创造出"数九"这一独特的民俗形式。

所谓"数九",就是从冬至那天(也有从冬至后一日)开始计数,每隔九天为一个"九",共九个九天,合计八十一天。

"数九",具有"九九归一"的意味。"九"为数位中最大者,又是阳数。冬至

二十四节气

以后，阳气上升，"数九"意味着阳气上升的高度。"九九"双阳，寒气消尽，春天来临。这是中华先民以"数九"记述季候变化的思想根源。

"数九"，在我国历史上出现得非常早。在南朝梁宗懔的《荆楚岁时记》中，就已经有了有关"数九"的记载。书中如此写道："俗用冬至日数及九九八十一日，为寒尽。"

淳朴的劳动人民同样富有创意。在漫漫严冬里，人们为了消磨难挨的时光，以及便于用"数九"来

九九消寒农历图

指导日常活动，便把数九天内的物候信息编成歌谣，即《数九歌》。其内容因地而异，但是各自昭示了不同地域的物候与农事特色。

我国北方流传最广的一首《数九歌》是这样的："一九二九不出手；三九四九冰上走；五九六九沿河看柳；七九河开，八九雁来；九九加一九，耕牛遍地走。"近代流传在四川一带的一首《数九歌》是这样的："一九二九，怀中揣手；三九四九，冻死猪狗；五九六九，沿河看柳；七九六十三，路上行人把衣宽；八九七十二，猫狗卧阴地；九九八十一，庄稼老汉田中立。"

明清时期，有人还发明了"九九消寒图"这种室内游戏，给冬季平添了一种闹意。"九九消寒图"有三种，即"梅花消寒图""文字消寒图"和"圆圈消寒图"。

"梅花消寒图"的画法，在明代刘侗、于奕正撰写的《帝京景物略》中便有记载："冬至日，人家画素梅一枝，为瓣八十有一。日染一瓣，瓣尽而九九出，则春深矣，曰'九九消寒图'。"

"文字消寒图"是在一张印好的词句上描红以"数九"。一句诗词九个字，

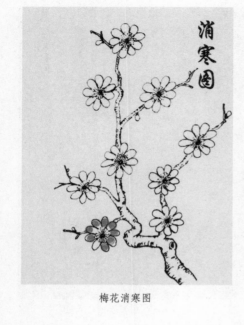

梅花消寒图

每个字九画,共八十一画。每天用红笔描一画,等九个字都描完,春天便来临了。如"庭前垂柳珍重待春风"一句,按照繁体字的笔画来算,九个字共八十一画。

"画圈消寒图"与上述两种消寒图相比,更有情趣,也更复杂。《帝京景物略》记述:"有直作圈九丛,丛九圈者,刻而市之,附以九九之歌,述其寒燠之候。"这是将81个圆圈排列成九行,每行九个圈,自冬至日起,每日涂一圈。在涂的时候,视当日的天气情况,遵循"上阴下晴、左风右雨、雪当中"的规则记录天气变化。即如果是阴天,就把上半个圆圈涂黑,晴天就把下半个圆圈涂黑,刮风涂左半边,下雨就涂右半边,下雪则在当中涂一个小圆。

画"九九消寒图"虽然简单,却别有韵致。

# 寒气凛凛正"小寒"

## ◎冬至过了是小寒，置办年货迎新年

　　过了冬至是小寒，梅香袭袭炉火暖。每年 1 月 6 日前后，太阳到达黄经285 度时为小寒。小寒过后，也就进入了一年中最寒冷的日子。

　　我国古代将小寒后的十五天分为三候：一候雁北乡，古人认为，大雁顺阴阳而迁徙，小雪时节阳气初动，所以大雁从南方开始向北方迁徙；二候鹊始巢，喜鹊因感受到阳气萌动而开始筑巢；三候雉始雊，野鸡也因感到阳气的逐步升腾而开始鸣叫。

山鸡

## ◎小寒食俗，以驱除寒气为目的

　　小寒时节虽说处于冬闲期，但因为年节将至，人们都在为那一场即将到来的盛宴忙碌着，因而忽视了享受此时的安闲。因此，小寒节气并没有像清明、夏至、冬至等节气一样，形成流传范围极广的代表性食俗。不过，在南京、

菜饭

广州、天津等地,仍形成了一些地域较强的食俗,值得做一下简单的介绍。

旧时,老南京人在小寒这天有吃菜饭的习俗。所谓菜饭,就是选用青菜、肉、糯米一起混煮而成的饭。最具代表性的,是选用矮脚黄青菜、香肠片、板鸭丁,与糯米一起煮成的菜饭。在寒冷的冬天,吃一碗鲜香可口的菜饭,人体内暖意顿生。但随着时代的变迁,小寒吃菜饭的习俗已渐渐被淡忘了。如今,大概只有一些上了年纪的人才会在隆冬时节,偶然怀念起菜饭的味道吧!

过去,广州民间有在小寒日早上吃糯米饭的习俗。人们为了避免糯米饭太糯、太过腻人,一般是按六成糯米四成香米的比例,掺在一起煮熟。然后把腊肉和腊肠切碎、炒熟,再把花生米炒熟,加一些碎葱白,拌在饭里吃。传统的小寒糯米饭,除了固定的糯米、腊肉、腊肠和花生以外,各家会根据各自的口味和需要,在糯米饭中添加香菇、虾米、香菜、叉烧、鱿鱼等等。

广州的冬天尽管最低气温至少在四五摄氏度,然而由于天气较为潮湿,同样使人感觉很冷。故而,广州民间才会流传着"小寒大寒,无风自寒"这样一句民谚。当地民间俗信,在小寒日早晨吃糯米饭,可以驱除身体寒气,有利于健康。

小寒节气过后,将进入全年最冷的时节。在那些没有空调、暖气的岁月里,人们为了防御寒冷,除了在饮食、起居上注意之外,还大力倡导多进行户外锻炼。尤其对孩子们来说,多参加一些体育活动,如踢毽子、跳绳、滚铁环、斗鸡等,对增强体质是非常有益的。

在这个天寒地冻、万物萧索的极寒时节里,人们的心境难免会被阴冷、寒苦的情绪所侵扰。然而,透过这个节气的表象,我们看到,它的内里是阳气萌动,充满了希望的。再静心想一想,寒又如何,暑又如何,年年岁岁,暑去寒来,这不正是大自然的美妙所在吗?

# 天寒地冻"大寒"临

## ◎大寒，一个牵手春天的节气

　　白驹过隙，不知不觉我们走到了一年的终点。大寒是二十四节气中的最后一个，之后，将迎来新一年的节气轮回。每年1月20日前后，太阳到达黄经300度时为大寒节气。《月令七十二候集解》云："十二月中，冷气积久而为寒，大者，乃凛冽之极也。"意思是说，大寒时节是一年中最寒冷的时候。故而，民间有"小寒大寒，冻成冰团"之说。这期间寒潮南下活动频繁，风大、温低，地面积雪不化，呈现出冰天雪地、天寒地冻的严寒景象。

鹰

　　我国古代将大寒后的十五天分为三候：一候鸡始乳，到了大寒时节，阳气慢慢充盈，母鸡开始孵化小鸡；二候征鸟厉疾，鹰隼等猛禽正是捕食能力最强的时候，它们盘旋于空中俯瞰大地，寻找捕猎的对象；三候水泽腹坚，水域里的冰是冻得最结实、尺寸也是最厚的时候。

## ◎大寒迎年"尾牙祭"

我国民间自古就有"过了大寒，又是一年"的说法。这里的"年"，指的是农历新年。因此，大寒时节的民俗活动都充满了浓浓的年味。人们奔波忙碌了一年，到了年末岁尾，开始为过年做准备。

"大寒小寒，杀猪过年"。凛冽的寒气可以肃杀自然万物的生机，却抵挡不住人们"忙年"的热情。人们都忙着赶年集，购买鸡鸭鱼肉、烟酒糖菜、鞭炮、春联、年画，以及各种祭祀供品等年货。除了在集市上购买之外，家家户户通常还要自己动手制作腊肉、腊肠，或煎炸烹制各种美食。女人们则在家中为一家老小准备新年的衣服。

过去说："大寒小寒家家刷墙，刷去不详；户户糊窗，糊进阳光。"大寒前后搞卫生的习俗，应该也跟过年有直接的关系吧。

有一首名为《腊月歌》的民谣编得好，把迎接新年的程序都罗列出来了："二十三，糖瓜粘，灶君老爷要上天；二十四，扫房子；二十五，磨豆腐；二十六，去割肉；二十七，宰公鸡；二十八，把面发；二十九，蒸馒头；三十晚上熬一宿，大年初一扭一扭。"

过去，在大寒时节，我国民间众多地区有"赶乱婚"的习俗。在这段日子里，婚嫁娶亲百无禁忌。而今，在我国的一些偏远农村地区，仍沿袭着这一习俗。故而，在年底这段日子里，结婚办喜事的人家格外多。再加上有不少年份，春节就在大寒时节，所以大寒往往充满了喜悦与欢乐的气氛。

旧时，每到大寒时节，我国东南沿海，尤其是闽台地区的商人们，流行祭拜土地公的习俗，俗称"尾牙祭"。

何谓"牙"呢？"牙"的本意是军中帐前的大旗。大军出征之前，照例要祭拜大旗，确保能够旗开得胜、一路平安。后来，这一仪式被商人援用，改为祭拜土地公,即"福德正神"。这一祭礼,称为"牙祭"或"做牙"。

《赶年集》 农民画

每逢农历初二和十六都要"做牙",一年有24个"牙期",尤以"尾牙"最为隆重。"尾牙祭"是在每年农历十二月十六日。这一天,对商家来说,是一年活动的"尾声";对普通百姓来说,则是春节活动的"先声"。

这一天,百姓之家,多在门前设长凳,摆上供品,焚烧纸钱、银锭,祭拜土地公,答谢其一年来的护佑,并祈求来年五谷丰收。商家祭祀则更加虔诚,以期得到神灵庇佑,生意兴隆,财源旺盛。在祭祀神灵的同时,各商家行号还要在当日大肆宴请职员,以犒赏他们过去一年的辛劳。

在过去,商家老板所设的"尾牙宴"还有不少讲究。比如在宴席上,有一道菜是必不可少的,那就是"白斩鸡"。这道菜还有一个特殊的含义,即作为"解雇通知"。如席上这盘鸡的鸡头对准谁,即表示辞其不用。假如被免职的不止一人,则老板执筷子夹起鸡头,分别朝向将被解雇者。因而,对于店伙计来说,做尾牙亦称"吃担心酒"。不过,这种风俗如今早已消失了。大寒时节的"尾牙祭"习俗,已经逐渐演变成企业在年终酬谢员工的庆典。庆典会上,老板与员工们聚餐,并进行各种各样的联谊活动,以此来感谢和表彰员工一年来的辛勤工作。

大寒时节,回望悄然而逝的一年光阴,感悟二十四节气带来的温馨与感动,难免会感慨:"逝者如斯!"

是啊,岁月是一条奔腾不息的河流,从亘古一直流向未来。每一个途经的生命,无论是伟大还是平凡,都将化为一滴微雨,或一粒清露,融入长河,

《岁朝清供》 剪纸

然后,伴随着时光的浪花,在四季的轮回里,去领略一路的风情。

每一个生命,也都将在这条唯一的,且永远无法逆转的行程上,演绎自己的欢喜与忧伤、激情与惆怅……直到完成最后的使命。

四季的每一个细节里面,都留下了我们心灵的歌吟;而我们的生命,也会因为一个个节气的充盈而变得愈加灿烂!